上海市工程建设规范

防汛墙工程设计标准

Design specifications for floodwall

DG/TJ 08－2305－2019

J 14947－2019

主编单位:上海市水利工程设计研究院有限公司
批准部门:上海市住房和城乡建设管理委员会
施行日期:2020 年 5 月 1 日

U0180507

同济大学出版社

2020　上海

图书在版编目(CIP)数据

防汛墙工程设计标准/上海市水利工程设计研究院
有限公司主编.--上海:同济大学出版社,2020.4
　　ISBN 978-7-5608-9190-3

　　Ⅰ.①防… Ⅱ.①上… Ⅲ.①防汛墙－建筑设计－设
计标准－上海 Ⅳ.①TU998.4-65

　　中国版本图书馆 CIP 数据核字(2020)第 033449 号

防汛墙工程设计标准

上海市水利工程设计研究院有限公司　主编

策划编辑　张平官

责任编辑　朱　勇

责任校对　徐春莲

封面设计　陈益平

出版发行　同济大学出版社　　www.tongjipress.com.cn

　　　　　(地址:上海市四平路 1239 号　邮编:200092　电话:021－65985622)

经　　销　全国各地新华书店

印　　刷　浦江求真印务有限公司

开　　本　889mm×1194mm　1/32

印　　张　4.5

字　　数　121000

版　　次　2020 年 4 月第 1 版　　2020 年 4 月第 1 次印刷

书　　号　ISBN 978-7-5608-9190-3

定　　价　40.00 元

上海市住房和城乡建设管理委员会文件

沪建标定〔2019〕794 号

上海市住房和城乡建设管理委员会
关于批准《防汛墙工程设计标准》为上海市
工程建设规范的通知

各有关单位：

由上海市水利工程设计研究院有限公司主编的《防汛墙工程设计标准》，经我委审核，现批准为上海市工程建设规范，统一编号为 DG/TJ 08－2305－2019，自 2020 年 5 月 1 日起实施。

本规范由上海市住房和城乡建设管理委员会负责管理，上海市水利工程设计研究院有限公司负责解释。

特此通知。

上海市住房和城乡建设管理委员会
二〇一九年十二月五日

前　言

　　根据上海市城乡建设和管理委员会《关于印发〈2015 年上海市工程建设规范编制计划〉的通知》（沪建管〔2014〕996 号）要求，上海市水务局组织上海市水利工程设计研究院有限公司和上海市堤防（泵闸）设施管理处，在总结本市防汛墙工程科研成果和建设经验、开展专题调查研究、广泛征询意见的基础上，经多次研讨和反复修改，编制形成本标准。

　　本标准共分为 13 章，主要内容有：总则；术语；基本资料；设计标准；平面布置及结构设计；桩基及地基处理；设计计算；穿、跨、沿建（构）筑物；配套及附属设施；景观绿化；施工组织设计；工程管理；安全监测。

　　各单位及相关人员在执行本标准的过程中，请注意总结经验，积累资料，随时将有关的意见和建议反馈至上海市水利工程设计研究院有限公司（地址：上海市华池路 58 弄 3 号楼；邮编：200061；E-mail：liyong_tian@arcplus.com.cn），或上海市建筑建材业市场管理总站（地址：上海市小木桥路 683 号；邮编：200032；E-mail：bzglk@zjw.sh.gov.cn），以便今后修订时参考。

主 编 单 位：上海市水利工程设计研究院有限公司
参 编 单 位：上海市堤防（泵闸）设施管理处
主 要 起 草 人：程松明　田利勇　田爱平
　　　　　　　　（以下按姓氏笔画排列）
　　　　　　　　王　军　朱焱峰　刘小梅　刘海青　汪晓蕾
　　　　　　　　张　尧　张丽芬　罗秀卿　谢先坤　潘世虎
参 加 起 草 人：（以下按姓氏笔画排列）
　　　　　　　　于文华　王晓岚　印　越　任华春　闫训海

　　　　　　　　　孙　冬　　孙陆军　　杨蔚为　　李　威　　吴金龙
　　　　　　　　　邱小杰　　张　婧　　张雨剑　　张郁琢　　陆志翔
　　　　　　　　　林顺辉　　钱敏浩　　甄羡超　　鲍毅铭
　　主要审查人:郑健吾　　卢永金　　王　芳　　徐　若　　张月运
　　　　　　　　　赵井根　　陈　虹

上海市建筑建材业市场管理总站

2019 年 12 月

目　次

Contents

1 总 则

1.0.1 为适应上海市防汛墙工程建设需要,统一其设计标准和技术要求,提高设计和管理水平,制定本标准。

1.0.2 本标准适用于上海市新建、加固、扩建或改建的防汛墙工程设计,包括黄浦江、苏州河等流域行洪河道、片外河道以及片内骨干河道的防汛墙。其余河道的防汛墙或采用护岸与土堤结合的堤防,在技术条件相同的情况下也可适用。

1.0.3 防汛墙工程设计应以流域、区域综合规划及防洪除涝规划为依据,应符合上海市城市总体规划、上海市水务各专业规划,并与市政交通、园林绿化、港口航道发展规划相协调,满足防洪除涝、环境生态和社会发展的需求。

1.0.4 防汛墙工程设计应贯彻安全适用、经济合理、生态美观、技术先进的原则,在满足安全和功能要求的前提下,统筹生态、环境和景观要求。

1.0.5 防汛墙工程设计应在充分论证和实践检验的基础上,积极采用新技术、新结构、新材料和新工艺。

1.0.6 防汛墙工程设计除应符合本标准外,尚应符合国家、行业及上海市现行有关标准的规定。

2 术 语

2.0.1 防汛墙 floodwall

河道沿岸具有挡潮防洪能力的墙式建筑物,主要由基础、墙身、护坡等主体结构和防汛通道等配套附属设施组成。

2.0.2 堤防 levee

沿河岸边修筑的挡水建筑物,用以约束水流、防止洪水泛滥或潮、浪侵蚀,保证河道岸坡稳定,并具有稳定河槽、导引水流的作用。

2.0.3 河道蓝线 lines of river regulation planning

由河道中心线、两岸河口线和陆域控制线组成的河道用地规划控制线。

2.0.4 陆域控制宽度 width of required land

规划单侧河口线与规划陆域控制线之间的宽度。

2.0.5 多级防汛墙 stepped floodwall

河道沿岸按不同高程逐级设置挡墙的防汛墙,可由两级或两级以上挡墙组成,末级挡墙墙顶高程应达到设防高程要求。

2.0.6 护坡 revetment

河道边坡上设置的防止水流、雨水、风浪等冲刷侵蚀的坡面保护设施。

2.0.7 防汛闸门 floodgate

防汛墙上为开设通道口而设置的通道闸门,用以满足防汛墙日常维修、防汛抢险、交通物流或者码头运输等功能要求。

2.0.8 防汛通道 maintenance channel

防汛墙陆域侧沿线布置的服务于防汛墙设施日常巡查、维修养护、防汛抢险的通道。

2.0.9 临时防汛墙 temporary floodwall

因建设需要在防汛墙上临时开缺,或发生重大险情时为保证防汛安全而设置的临时性防汛设施。

3 基本资料

3.1 气象与水文

3.1.1 防汛墙工程设计应调查收集气温、风况、降水、水位、潮汐、波浪、流量、流速、水质、泥沙等相关的气象、水文资料。

3.1.2 防汛墙设计水位包括设计高水位、设计低水位等,通航河道还包括最高通航水位和最低通航水位,设计水位应通过频率分析法、防洪除涝水力计算等综合分析确定。

3.1.3 防汛墙工程设计应收集工程地区的水系、水域分布等资料。

3.2 工程地形

3.2.1 防汛墙工程设计各阶段的地形测量资料应满足表 3.2.1 的要求。

表 3.2.1 防汛墙工程设计各设计阶段的地形测量要求

图别	建筑物类别	设计阶段	比例尺	图幅范围及断面间距	备注
地形图	防汛墙	项目建议书、可行性研究、初步设计	1:500~1:2000	横向自规划河口线向两侧带状展开,各不小于 30m,河道侧至河道中心线、陆域侧至陆域控制线或防汛墙保护范围;纵向应闭合至已建防汛墙或堤防,且不小于 50m	1 级、2 级防汛墙,或位于通航河道的防汛墙,加固或改扩建防汛墙宜测水下地形;对河口宽度较宽的河道,河道侧测宽不小于 30m;河道侧为侵蚀性滩岸时,宜扩至深泓或侵蚀线外;初步设计宜取大比例尺
	交叉建筑物		1:200~1:500	包括建筑物进出口及两岸连接范围	

图别	建筑物类别	设计阶段	比例尺	图幅范围及断面间距	备注
纵断面图	防汛墙	项目建议书、可行性研究、初步设计	竖向 1:100～1:200	—	新建1级、2级防汛墙宜沿规划河口线进行纵断面测量; 初步设计宜取大比例尺
			横向 1:500～1:2000	—	
横断面图	防汛墙	项目建议书	竖向 1:50～1:200	每200m测一断面,河道侧至河道中心线,陆域侧至陆域控制线以外10m或防汛墙保护范围	对河口宽度较宽的河道,河道侧测宽不小于30m;河道侧为侵蚀性滩岸时宜扩至深泓或侵蚀线外
		可行性研究、初步设计	横向 1:100～1:500	每50m～100m测一断面,河道侧至河道中心线,陆域侧至陆域控制线以外10m或防汛墙保护范围	对河口宽度较宽的河道,河道侧测宽不小于30m;河道侧为侵蚀性滩岸时宜扩至深泓或侵蚀线外,曲线段及地形突变处断面间距宜加密

3.2.2 防汛墙工程设计应充分收集水下地形资料,分析冲淤变化成因及规律。

3.2.3 对于冲淤变化较大的河道或通航河道,应加密测量断面,在施工前宜复测水下地形。

3.3 工程地质

3.3.1 防汛墙工程设计的工程地质资料,应符合现行国家标准《水利水电工程地质勘察规范》GB 50487、现行行业标准《堤防工程地质勘察规程》SL 188 和现行上海市工程建设规范《岩土工程勘察规范》DGJ 08-37 的有关规定,并应满足设计对地质勘察的要求。

3.3.2 防汛墙工程初勘、详勘阶段的勘探孔布置可按照表3.3.2的规定执行。详勘阶段应对初步设计审批中要求补充查明的地质问题进行研究,险工段应加密布置勘探孔,并参加与地质有关的工程验收和质量检查、险情处理。

表 3.3.2 防汛墙工程勘探孔布置要求

建筑物类别	设计阶段	孔距	孔深	备注
防汛墙	可行性研究（初勘）	纵剖面孔距100m～200m;横剖面间距为纵剖面孔距2倍～4倍,不少于3个孔,孔距不大于50m	一般性孔孔深15m～25m,且不宜小于桩底下3m,满足防汛墙渗流及稳定计算要求;控制性孔孔深不小于30m,并进入非淤泥质土层,满足防汛墙渗流、稳定及沉降计算要求	新建1级、2级防汛墙,加固或改扩建防汛墙后有新增荷载时,宜布置横剖面,且应在河道侧设置勘探孔
	初步设计（详勘）	纵剖面孔距50m～100m;横剖面间距为纵剖面孔距2倍～4倍,孔距不大于30m;险情多发段、地质条件复杂段,应适当加密横剖面		防汛墙采用桩基结构时,纵向勘探孔间距不大于50m

3.3.3 对于施工阶段揭露的与初勘、详勘成果不符合的地质问题,应进行对比分析;必要时,开展施工勘察。

3.3.4 防汛墙工程设计应充分收集已有工程地质资料,并进行充分的对比分析。遇险工段时,应收集险工地段的历史和现状险情资料,在查明险情隐患类型、分布位置、出险和抢险情况的基础上,分析因出险而引起的地质条件变化。

3.4 其他相关资料

3.4.1 防汛墙工程设计应调查工程区及保护区的社会经济状况和历史洪、涝、潮等灾害情况。

3.4.2 防汛墙工程设计应调查与工程相关的规划要求,拟建和在建工程情况以及周边环境限制条件。

3.4.3 防汛墙工程设计应收集沿线涉及的水利工程、市政交通、港口航道、各类管线、园林绿化、农林渔业以及文物古迹等已有设施资料;必要时,对地下管线、障碍物等进行物探。

3.4.4 防汛墙加固或改扩建设计应调查收集现状结构、运行管理以及历年维修加固等资料。

4 设计标准

4.1 防洪(潮)标准及级别

4.1.1 防汛墙工程保护对象的防洪标准应按照现行国家标准《防洪标准》GB 50201 的有关规定执行。防汛墙工程的防洪标准应根据保护区内保护对象的防洪标准和经审批的流域防洪规划、区域防洪规划综合研究确定。

4.1.2 防汛墙工程的级别应根据确定的防洪(潮)标准,按表4.1.2的规定确定。

表 4.1.2 防汛墙工程的级别

防洪(潮)标准 [重现期(年)]	≥100	<100, 且≥50	<50, 且≥30	<30, 且≥20	<20, 且≥10
防汛墙工程的级别	1	2	3	4	5

4.1.3 上海市黄浦江市区段防汛墙工程采用千年一遇防洪(潮)标准,为 Ⅰ 等工程 1 级水工建筑物。黄浦江、苏州河防汛墙设防标准及设计水位应按照本标准附录 A 执行。

4.1.4 防汛墙工程上的闸、涵、泵站等建筑物及其他建筑物的设计防洪(潮)标准,不应低于防汛墙工程的防洪(潮)标准。其建筑物的级别,应不低于防汛墙工程的级别,并应同时满足相应建(构)筑物规范的规定。

4.2 安全加高及墙顶高程

4.2.1 防汛墙工程的安全加高值应按表4.2.1的规定确定。

表 4.2.1　防汛墙工程的安全加高值

防汛墙工程的级别		1	2	3	4	5
安全加高值 （m）	不允许越浪防汛墙	1.0	0.8	0.7	0.6	0.5
	允许越浪防汛墙	0.5	0.4	0.4	0.3	0.3

注：根据有关规定，上海市黄浦江及苏州河防汛墙安全加高及墙顶高程应根据本标准
　　附录 A 执行。

4.2.2　墙顶高程应按设计高潮（水）位、波浪爬高及安全加高值按式（4.2.2）计算。

$$Z_p = h_p + R_F + A \qquad (4.2.2)$$

式中：Z_p——设计频率的墙顶高程（m）；

h_p——设计高水（潮）位（m）；

R_F——按设计波浪计算的累积频率为 F 的波浪爬高值（按不允许越浪设计时 $F=2\%$，按允许部分越浪设计时 $F=13\%$，按照现行国家标准《堤防工程设计规范》GB 50286 执行）；

A——安全加高值（m），按表 4.2.1 的规定选取。

4.3　安全系数

4.3.1　防止渗透变形的允许水力比降应由土的临界比降除以安全系数确定，无黏性土的安全系数不应小于 1.5～2.0。无试验资料时，对于渗流出口无滤层的情况，无黏性土的允许水力比降可按表 4.3.1 选用，有滤层的情况可适当提高，特别重要的防汛墙，其允许水力比降应根据实验的临界比降确定。

表 4.3.1　无黏性土渗流出口的允许水力比降

渗透变形型式	流土型			过渡型	管涌型	
	$C_u \leqslant 3$	$3 < C_u \leqslant 5$	$C_u > 5$		级配连续	级配不连续
允许水力比降	0.25～0.35	0.35～0.50	0.50～0.80	0.25～0.40	0.15～0.25	0.10～0.20

注：C_u 为土的不均匀系数。

4.3.2 防汛墙边坡整体抗滑稳定采用瑞典圆弧法或简化毕肖普法计算时,安全系数不应小于表4.3.2的规定。

表4.3.2 防汛墙边坡整体抗滑稳定安全系数

	防汛墙工程级别		1	2	3	4	5
安全系数	瑞典圆弧法	正常运用条件	1.30	1.25	1.20	1.15	1.10
		非常运用条件Ⅰ	1.20	1.15	1.10	1.05	1.05
		非常运用条件Ⅱ	1.10	1.05	1.05	1.00	1.00
	简化毕肖普法	正常运用条件	1.50	1.35	1.30	1.25	1.20
		非常运用条件Ⅰ	1.30	1.25	1.20	1.15	1.10
		非常运用条件Ⅱ	1.20	1.15	1.15	1.10	1.05

注:1 工程地质资料中抗剪强度指标应采用小值平均值。
　　2 运用条件详见本标准第7.2.3条。

4.3.3 防汛墙底面抗滑稳定安全系数不应小于表4.3.3的规定。

表4.3.3 防汛墙底面抗滑稳定安全系数

防汛墙工程级别		1	2	3	4,5
安全系数	正常运用条件	1.35	1.30	1.25	1.20
	非常运用条件Ⅰ	1.20	1.15	1.10	1.05
	非常运用条件Ⅱ	1.10	1.05	1.05	1.00

4.3.4 土基上防汛墙基底应力的最大值与最小值之比,不应大于表4.3.4规定的允许值。

表4.3.4 土基上防汛墙基底应力的最大值与最小值之比的允许值

地基土质	荷载组合	
	基本组合	特殊组合
松软	1.50	2.00
中等坚实	2.00	2.50
坚实	2.50	3.00

注:对于人工加固的深基础,可不受本表的规定限制。

— 10 —

4.3.5 空箱、沉井式防汛墙的抗浮稳定安全系数,在基本荷载组合条件下不应小于1.10,在特殊荷载组合条件下不应小于1.05。

4.4 设计合理使用年限

4.4.1 防汛墙主体结构的合理使用年限按照其工程级别确定。

4.4.2 结构耐久性设计应按照现行行业标准《水利水电工程合理使用年限及耐久性设计规范》SL 654 的相关规定执行。

5 平面布置及结构设计

5.1 一般规定

5.1.1 防汛墙结构除应满足安全、美观、经济和施工等条件,还应满足巡视检查、抢险和运行维护的要求。

5.1.2 防汛墙结构设计内容包括墙身结构形式、墙顶高程、结构尺寸及防渗、排水设施等,各部位的结构尺寸应依据水文和地质条件、运行要求,经计算分析和技术经济比较后确定。

5.1.3 在进行防汛墙计算时,除应满足防汛墙整体抗滑稳定、抗渗稳定、抗浮稳定以及沿土基底面的抗滑稳定等要求外,还应满足结构强度、抗裂(或限裂)及结构变形等要求。

5.1.4 防汛墙结构应根据使用年限、工作条件、环境等情况,考虑抗渗、抗冻、耐腐蚀等耐久性要求。

5.2 平面布置

5.2.1 防汛墙平面布置应在河道规划蓝线、航道规划等相关规划的基础上,结合地形、地质、水流、防汛抢险、维护管理等因素综合分析确定,并与沿江(河)市政设施与腹地规划相协调;与环境景观、市政道路绿化等结合时,应统一规划布置,在不降低水面率、不缩窄规划河口宽度及过流断面前提下,可适当调整防汛墙平面线型。岸线宜平缓圆顺,转折处宜用平缓曲线过渡。

5.2.2 防汛墙平面布置应兼顾上下游、左右岸,避免或减少对水流流态、泥沙运动、河岸稳定的不利影响,防止出现影响河势稳定的冲刷或淤积。

5.2.3 防汛墙平面布置应分析干河风浪水流及船行波对支河口的淘刷影响,设置必要的支河防护措施。

5.2.4 防汛墙平面布置应做好与支河、码头、桥梁以及不同断面之间的衔接设计,使相邻岸线圆顺连接,外形美观,水流平顺。

5.2.5 涉河(包括穿河、跨河和沿河)工程规划和建设时,其影响及保护范围内的防汛墙应按规划标准同步或先行实施,并考虑后续防汛墙建设的衔接,以减小防汛墙与沿线涉河建筑物间相互建设的影响。

5.2.6 防汛墙平面布置应形成连续封闭的防汛体系,不留缺口。

5.3 断面结构

5.3.1 防汛墙一般采用单级或多级,典型断面如图 5.3.1-1、图5.3.1-2所示。

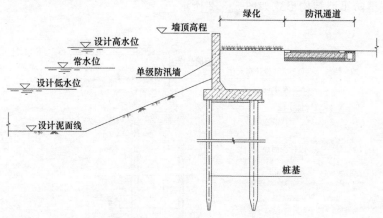

图 5.3.1-1 单级防汛墙典型断面

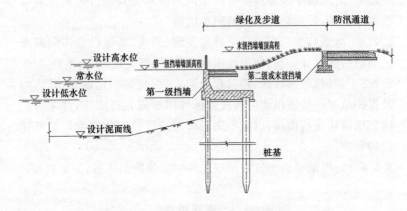

图 5.3.1-2 多级防汛墙典型断面

5.3.2 防汛墙常见的结构形式有直墙式、斜坡式及复合式,按基础型式可进一步分为天然地基、高桩承台式和低桩承台式等。典型防汛墙结构形式如图 5.3.2 所示。

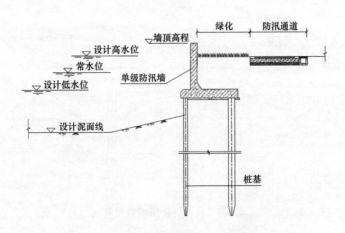

(a) 高桩承台式防汛墙典型断面

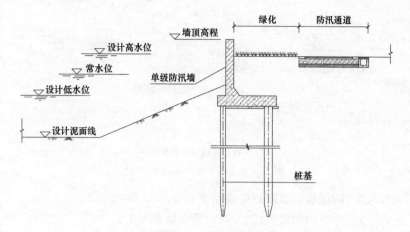

（b）低桩承台式防汛墙典型断面

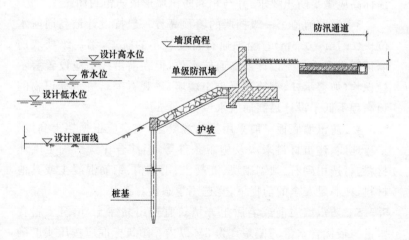

（c）复合式防汛墙典型断面

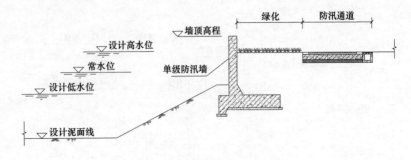

(d)天然地基防汛墙典型断面

图 5.3.2 典型防汛墙结构形式

5.3.3 防汛墙墙顶高程应满足下列要求:

1 单级防汛墙:墙顶标高应满足防汛要求。

2 多级防汛墙:可允许高水位淹没第一级挡墙,末级挡墙墙顶标高应满足防汛要求,并与相邻防汛墙形成防汛封闭。

3 通航河道第一级挡墙的墙顶高程一般按设计最高通航水位+(0.1m~0.5m)。船舶通行密度较小的航道,第一级挡墙前墙顶高程允许低于设计最高通航水位,但在前沿线上应设置警示标识物(如警示杆、钢筋混凝土小矮墙、景观石等),警示标识物的顶高程不低于设计最高通航水位+0.1m。

5.3.4 防汛墙底板一般采用钢筋混凝土,墙身应根据挡土高度、工程地质、建筑材料来源及施工条件等,经综合比选后确定墙体材料,可选用砌石、预制砌块、混凝土、钢结构、钢筋混凝土或其他材料,在满足安全的前提下,宜选用生态性材料。

5.3.5 防汛墙墙前或墙后土方填筑宜选用黏性土,填筑土料含水量与最优含水量的偏差宜为3%以内。填筑标准应按压实度确定,须符合下列规定:

1 1级防汛墙不应小于0.95。

2 2级及堤防高度不低于6m的3级防汛墙不应小于0.93。

3 堤防高度低于6m的3级及3级以下防汛墙不应小于0.91。

5.3.6 墙后土料采用砂性土时,填筑标准应按相对密度确定,须符合下列规定：

1 1级、2级和墙身高度不低于6m的3级防汛墙不应小于0.65。

2 墙身高度低于6m的3级及3级以下防汛墙不应小于0.60。

5.3.7 防汛墙均应设置一定的基础埋深，基础可能受冲刷时，应采取可靠的墙前防护及保滩措施，或调整基础形式，保证抗冲安全。

5.3.8 应做好不同结构断面之间的衔接设计，满足防渗、挡土等要求。

5.3.9 常用的墙前防护措施有浆（灌）砌块石、抛石（非航道）、预制或现浇混凝土、模袋混凝土、砂肋软体排等，墙前护坡应设置镇脚以提高防冲刷能力。墙后防护措施同时兼顾生态、景观需要，宜采用草皮等生态型护坡材料。

5.4 构造要求

5.4.1 防汛墙沿长度方向应设置变形缝，变形缝应满足下列要求：

1 素混凝土及浆砌石变形缝间距一般采用10m～15m，钢筋混凝土结构一般采用10m～20m。

2 变形缝宽20mm，缝间应采用硬质聚乙烯泡沫板隔开，外周用聚氨酯密封膏嵌缝。

3 变形缝内宜埋设止水，有高水位倒灌隐患时应埋设止水。

5.4.2 当墙后地面高程高于设计水位，墙身宜设置排水孔；当墙后地面高程低于设防高水位，墙身不应设置排水孔。排水孔宜设置在常水位以下，间距不大于3m，直径50mm～80mm，从墙后到墙前应设不小于3%的纵坡，排水孔后应根据墙后土质设置反滤设施。

5.4.3 钢筋混凝土防汛墙应满足下列要求：

1 1级、2级防汛墙单级或第一级墙体厚度不宜小于400mm，第二级及以上墙体厚度不宜小于300mm。

2 3 级及以下防汛墙厚度不宜小于 300mm。

3 墙体与底板间应设置贴角,贴角尺寸不宜小于300mm×300mm。

4 采用桩基时,桩顶应伸入防汛墙底板不小于 100mm(灌注桩)、50mm(预制桩)、200 mm(钢板桩);桩顶钢筋应锚入底板。

5 防汛墙墙顶钢筋宜适当加强。

5.4.4 防汛墙底板厚度应满足下列要求:

1 采用天然地基的单级或第一级挡墙底板不宜小于 400mm。

2 采用桩基的单级或第一级挡墙底板不宜小于 500mm。

3 第二级及以上挡墙底板不小于 300mm。

5.4.5 素混凝土强度等级不宜小于 C15;钢筋混凝土强度等级不宜小于 C25(黄浦江、苏州河防汛墙不宜小于 C30)。

5.4.6 堤顶应设置集(排)水沟、沉淀池和排水口等排水设施。

5.5 加固与改造设计

5.5.1 已建防汛墙不满足防洪标准、结构存在安全隐患时,应及时开展安全鉴定,并根据安全鉴定结论进行加固和改造。

5.5.2 加固、改造防汛墙设计应符合下列要求:

1 加固、改造设计应调查了解已建防汛墙的竣工资料、现状结构、运行管理及历次维修加固情况。

2 防汛墙加固和改造方案应通过多方案技术经济比选后确定。

3 与老结构或穿跨堤建筑物连接的部位应进行专门设计,采用可靠的连接措施。

5.5.3 防汛墙不能满足稳定或抗冲刷时,应根据原有墙体的结构形式、河道情况、航运要求、墙后道路及施工条件等,可采用加大断面、增加抗滑桩、增加防截渗措施、保滩、增加迎水面护坡或挡墙等多种加固和改造形式。适用范围如下:

1 墙基渗径不足时,宜在临水面增设铺盖或垂直截渗墙。

2 墙体抗滑稳定不足时,可在墙的临水侧或背水侧增设齿墙或戗台,也可增加阻滑板或在墙前增加抗滑桩。

3 墙身强度不足时,可采用贴壁或扶壁加固,应保证新老接合面的有效连接。

4 墙体及基础变形缝止水破坏失效时,应修复或重新设置。

5.5.4 防汛墙设防高程不足时,可接高挡土墙或增设二级挡墙。加高应考虑以下情况:

1 防汛墙的稳定、强度均有较大富余,且现状墙身完好、基本未老化时,可在原墙身顶部直接接高。

2 防汛墙的稳定不足但墙身强度有较大富余时,可加固地基,再接高墙身。

3 防汛墙的稳定满足但墙身强度不足时,可加固墙身再接高或拆建墙身。

4 防汛墙的稳定、强度均不满足时,可结合加高全断面加固;无法加固时,应拆除重建。

5.6 防汛闸门

5.6.1 防汛闸门的设计应满足使用方便、结构轻便、启闭灵活、水密性好、利于监测、便于维修等综合要求。

5.6.2 防汛闸门应采用钢结构,闸门顶高程应与两侧防汛墙的设计顶高程一致;闸门底板及支墩应采用钢筋混凝土结构,底槛高程应根据堤防等级、特征水位、防护建筑物的重要性等综合确定。

5.6.3 防汛闸门门型应采用人字门、一字门、横拉门、卧倒门等形式,不宜采用叠梁门、上挂门。

5.6.4 防汛闸门的启闭宜采用手动或手电两用。

6 桩基及地基处理

6.1 一般规定

6.1.1 当天然地基不能满足稳定、防渗、抗震和变形等要求时，可采取桩基或地基处理等措施。

6.1.2 桩基或地基处理设计，应综合地质条件、施工条件、环境影响、工程造价及使用条件等因素，以满足建筑物的安全和正常使用要求。

6.1.3 防汛墙基础设计应保证基础具有足够的强度、稳定性及耐久性，并应根据防汛墙使用要求控制基础的沉降及水平位移变形。

6.1.4 在选择桩基或地基处理方案前，应了解场地的环境情况，调查邻近建筑、地下工程和有关管线等情况，查明暗沟、古河道、杂填土等不良地质条件。

6.2 桩基础

6.2.1 防汛墙工程常用的桩基类型有钢筋混凝土预制桩、预应力桩、钢桩及灌注桩等。防汛墙桩基类型的选择，应根据结构形式、地质条件、周边环境、施工条件和工程造价等因素综合比选确定。

6.2.2 桩基的布置应符合下列要求：

　　1 各类桩的中心距离底板边缘不宜小于 1 倍桩径，且桩的外边缘距离承台边缘不宜小于 200mm。

　　2 对于挡土高度较大的防汛墙，可布置叉桩或斜桩抵抗水平力,以满足水平位移控制要求。

3 同一底板下的桩基,桩底宜位于同一土层,且桩底标高相差不宜太大;当桩底进入不同的土层时,各桩沉桩贯入度不宜相差过大。

4 桩底进入土层持力层不应小于 3 倍桩径,不应将桩底置于两层土层的界面处。

5 当桩基有挡土、防渗和抗冲等要求时,可采用钢筋混凝土板桩、预应力混凝土板桩、钢板桩、灌注桩排桩、灌注桩咬合桩等结构。

6.2.3 当采用灌注桩排桩时,应满足下列要求:

1 灌注桩排桩作为抗滑桩时,桩间最小净距不宜小于150mm,桩间最大净距应根据桩径及土性进行分析确定。

2 当灌注桩排桩有防渗要求时,应设置止水帷幕,止水帷幕可采用钢筋混凝土板桩、预应力混凝土板桩、钢板桩、水泥土搅拌桩或高压旋喷桩等结构。钢筋混凝土板桩、预应力混凝土板桩、钢板桩宜设置在灌注桩前侧;水泥土搅拌桩应布置在灌注桩后侧;高压旋喷桩可设置在灌注桩后侧,也可设置在灌注桩之间。水泥土搅拌桩及高压旋喷桩止水帷幕应保证完整、连续,有效厚度不宜小于 500mm;止水帷幕 28d 无侧限抗压强度不宜低于0.8MPa,同时应验算止水帷幕抗剪强度。

3 灌注桩排桩应满足抗冲要求,排桩前可设置钢筋混凝土衬墙、钢筋混凝土板桩、预应力混凝土板桩、钢板桩等防冲结构,防冲结构下底应低于设计泥面高程或可能冲刷线 1.0m 以下,有条件时可增设护坡保护。

6.2.4 钢筋混凝土桩桩顶主筋伸入承台长度应满足锚固要求或与承台主筋焊接,预应力管桩与承台连接应参照有关规定执行。

6.2.5 桩基构造应符合下列要求:

1 预制方桩、管桩应尽量减少接头数量,接头的强度应不低于桩身的强度,桩的接头位置宜设在桩身计算弯矩较小处,相邻桩基接头位置应错开布置,错开位置不小于 1m。

2 钢筋混凝土板桩一侧自桩尖至最大冲刷线以下 1m 范围内宜做凸榫,在此侧的其余范围和另一侧的全长范围宜做凹槽,凹槽深度不宜小于 50mm。板桩之间的接缝应防止漏土,可采取在凹槽内灌注袋装细石混凝土等措施。

3 钢筋混凝土定位桩和转角桩的桩尖应做成对称形,桩长宜比一般桩长 1m~2m。转角桩应根据转角处平面布置设计成异形截面。

4 灌注桩构造应符合下列要求:

1) 灌注桩的设计桩径不宜小于 550mm;当设计直径大于 800mm 时,宜按照规范考虑对桩侧和桩端摩阻力进行折减。

2) 灌注桩主筋混凝土保护层厚度不应小于 50mm,腐蚀环境中不应小于 55mm。

3) 灌注桩桩身混凝土设计强度等级不应低于 C30,采用水下浇筑方法施工时不宜高于 C40。

4) 灌注桩桩身配筋按计算确定,如为构造配筋,竖向承压桩的配筋率不宜小于 0.42%,承受水平力桩的配筋率不宜小于 0.65%。竖向承压桩的钢筋笼长度应穿过淤泥质土层,并不宜小于 2/3 桩长。承受上拔力桩的钢筋笼宜通长配置。

5 钢桩构造应符合下列要求:

1) 钢板桩可采用 U 形或 Z 形截面;当所受弯矩较大时,可采用圆管形、H 形或组合形截面。

2) 钢板桩的转角桩,可由原钢板桩沿纵向割下的带锁口的肢体焊接而成。

3) 钢管桩的外径与厚度之比不宜大于 100。

6 钢桩的腐蚀速度应根据现场实测确定。当无实测资料时,淡水环境下,在设计低水位以上年平均腐蚀速度可取 0.06mm/年,设计低水位以下年平均腐蚀速度可取 0.02mm/年~0.03mm/年。钢桩防腐处理措施可采用外表面涂防腐层、增加腐蚀余量和阴极保护等方法;当钢桩内壁同外界隔绝时,可不考虑内壁防腐。

6.2.6 在岸坡上施工桩基前,应考虑桩基施工对边坡稳定的影响,可采取削坡、坡顶减载、坡脚压载、成桩工艺优化等措施。

6.2.7 预制桩沉桩应充分考虑沉桩过程中的挤土效应及噪声对周边环境的影响,应对沉桩区和沉桩区附近 3 倍桩的入土深度范围内的环境状况进行调查研究。

6.2.8 当桩周土因地面大面积堆载(包括新近回填土)或因降水等因素而产生的沉降大于桩的沉降时,宜考虑桩侧负摩阻力的影响。对于填土场地,宜先填土后成桩,并保证填土的密实性。

6.2.9 桩基检测应符合下列要求:

1 桩基施工质量检验与桩基检测应按照现行上海市工程建设规范《地基基础设计标准》DGJ 08－11 及《水利工程施工质量检验与评定标准》DG/TJ 08－90 的相关规定执行。

2 单桩承载力试验可采用单桩静载荷试验法或高应变试验法等。桩身质量检测可采用低应变法、成孔质量检测、超声波透射法、钻芯法等。试验方法应按照现行上海市工程建设规范《建筑基桩检测技术规程》DGJ 08－218 的相关规定执行。

3 采用低应变法对预制桩桩身质量进行检测时,单节桩检测桩数不应少于总桩数的 10% 且不应小于 10 根,多节桩检验桩数不应少于总桩数的 30% 且不应小于 10 根。采用高应变检测预制桩的竖向承载力和桩身完整性时,检测桩数不应少于总桩数的 5% 且不应小于 5 根。

4 采用低应变法对灌注桩桩身质量进行检测时,检测桩数为总桩数的 100%。采用高应变检测灌注桩的竖向承载力和桩身完整性时,检测桩数不应少于总桩数的 5% 且不应小于 5 根。当桩身混凝土强度达到设计强度后,应按桩的总数抽取 3%～5% 进行钻芯取样抽检,检测应首先抽取混凝土浇筑异常和完整性检测异常的桩。

6.3 地基处理

6.3.1 上海地区防汛墙地基处理方法主要有换填法、注浆法、高压喷射注浆法、水泥土搅拌法、树根桩等，应根据地质条件、材料、施工条件、投资等综合比选后采用一种或多种组合形式。

6.3.2 各种地基处理方法的适用条件见表6.3.2。

表 6.3.2　各种地基处理方法的适用条件

序号	处理方法	对各类地基土的适用情况								加固效果			常用处理深度（m）
		人工填土			黏性土			粉性土	砂土	提高强度减小变形	抗震	抗渗	
		素填土	杂填土	冲填土	饱和黏性土	淤泥质土	淤泥						
1	换填法	○	○	○		○	○			○			2～3
2	注浆法	○	○	※	○	○	※	○	○	○	○	○	6（压密注浆），20（劈裂注浆）
3	高压喷射注浆法	○	※	※	○	○	○	○	○	○		※	20～40
4	水泥土搅拌法	○	※	※	○	○	○	○	○	○		○	15（单、双轴），30（三轴）
5	树根桩							※	※	○			—

注：○表示适用，※表示慎用。

6.3.3 换填法应符合下列要求：

1　换填法适用于淤泥、淤泥质土、素填土、杂填土和冲填土等浅层软弱土层的换填及场地的填筑处理。

2　换填法可采用包括砂（或砂石）、碎石、碎石间隔土、水泥土、粉质黏土、灰土等材料进行换填。在有充分依据或成功经验

— 24 —

时,可采用其他材料,但必须进行现场试验证明其技术经济效果良好、质量指标可控、施工及检测措施完善。

  3 防汛墙基础换填设计应考虑防渗的要求,必要时应采取有效的防渗措施。

6.3.4 注浆法应符合下列要求:

  1 注浆法适用于砂土、粉性土、黏性土和一般填土层,可用于防渗堵漏、局部地基加固、既有基础地基加固和控制地层沉降等。对于地下水流速过大的工程应慎用。

  2 注浆点的覆盖厚度应大于 2m。用作防渗的注浆至少应设置 3 排注浆孔,浆液应选用水玻璃与水泥的混合液,注浆孔间距可取 0.8m~1.2m。用作提高土体强度的劈裂注浆可选用水泥为主剂的悬浊液,注浆孔间距可取 1.0m~2.0m。压密注浆的注浆孔间距可按理论球状浆体直径的 2 倍~5 倍设计。

  3 注浆量可根据地基土性质和浆液的渗透性确定。黏性土地基中的浆液注入率为 15%~20%。

  4 注浆压力的选用应根据土层的性质及埋深确定。注浆顺序应按跳孔间隔、先外围后内部的方式进行。

6.3.5 高压喷射注浆法应符合下列要求:

  1 高压喷射注浆法适用于处理淤泥质土、黏性土、粉性土、砂土、素填土等,对于砾石直径过大、含量过多或有大量纤维质的腐殖土,应通过试验确定其适用性。

  2 高压喷射注浆法的注浆形式分为旋喷、定喷和摆喷三种类型。根据工程需要和机具设备条件,可分别采用单管、二重管和三重管等多种方法。旋喷高压喷射注浆(简称旋喷桩)布置形式可分为柱状、壁状和块状。

  3 旋喷桩在用作堤基处理时,应满足渗流、稳定和变形要求;用作防水帷幕时,应根据防渗要求进行设计计算,相邻桩搭接宽度不宜小于 300mm。

6.3.6 水泥土搅拌桩法应符合下列要求：

1 水泥土搅拌桩适用于处理正常固结的淤泥与淤泥质土、粉性土、素填土、黏性土以及无流动地下水的饱和松散砂土等地基。当场地内地下水具有侵蚀性时,应通过试验确定其适用性。

2 水泥土搅拌桩的基本工艺类型有:单轴水泥土搅拌桩、双轴水泥土搅拌桩、三轴水泥土搅拌桩和多头小直径水泥土搅拌桩。

3 水泥土搅拌桩水泥掺入量一般为加固湿土质量的12%～22%。深层搅拌法的水泥浆水灰比应保证施工时的可喷性。

4 竖向承载水泥土搅拌桩施工时,设计停浆面宜高出基础底面标高300mm～500mm,在开挖基坑时,应将该施工质量较差段挖去。壁状加固时桩与桩的搭接长度宜大于200mm,对于三轴搅拌桩和多头小直径搅拌桩宜套打1孔,相邻桩的施工时间间隔不宜大于24h。

6.3.7 树根桩应符合下列要求:

1 当现场施工场地受限、采用桩基施工空间不够时,也可采用树根桩,用于承担堤基的水平向荷载和竖向荷载。

2 树根桩直径宜为150mm～400mm,桩长不宜超过20m。当树根桩需直接临水时,需在临水面采取相应的保护措施,防止树根桩桩身混凝土长时间受水流冲刷而产生破坏。

3 树根桩的施工应采用二次注浆或多次注浆工艺,树根桩桩身混凝土强度等级不应低于C20。

6.3.8 地基处理检测应符合下列要求:

1 地基处理施工质量检验与地基处理检测应按照现行上海市工程建设规范《地基处理技术规范》DGJ 08－40及《水利工程施工质量检验与评定标准》DG/TJ 08－90的相关要求执行。

2 地基处理检验方法应根据工程重要性、工程地质情况、处理方法等综合确定,宜选择多种方法综合检测。

7 设计计算

7.1 一般规定

7.1.1 防汛墙设计计算包括渗透稳定、地基承载力、抗滑稳定、抗浮稳定、整体稳定及沉降等内容。

7.1.2 防汛墙的设计计算应考虑地基土性、墙后填筑料、结构特点、周边环境、河道断面、河床冲刷及施工条件等因素。

7.1.3 防汛墙计算应根据地基土和填料土的常规物理力学性质试验指标确定地质参数，其中地基土抗剪强度指标宜采用小值平均值。

7.1.4 防汛墙稳定计算单元应根据其结构及布置形式确定。

    1 重力式、半重力式、悬臂式和无锚碇墙的板桩式防汛墙可取 1 延米作为稳定计算单元。

    2 扶壁式、空箱式、组合式及圆弧段防汛墙可取两相邻永久缝之间区段作为稳定计算单元。

7.1.5 重要或结构复杂的防汛墙，其渗流及稳定宜采用有限元法复核。特殊结构防汛墙的稳定计算应作专门研究。

7.1.6 通航河道的防汛墙可按照现行上海市工程建设规范《内河航道工程设计规范》DG/TJ 08－2116 考虑船行波影响。

7.2 荷载分类及组合

7.2.1 作用在防汛墙上的荷载可分为基本荷载和特殊荷载两类。

    1 基本荷载主要有：

1）结构、土体及相关填料等自重；

2）防汛墙后影响范围内的车辆、人群等附加荷载；

3）与设计水位相对应的土压力、静水压力、水重、扬压力及风浪力。

2 特殊荷载主要有：

1）施工期的土压力、静水压力、水重、扬压力及临时荷载；

2）地震荷载；

3）其他出现机会较少的荷载，如撞击力等。

7.2.2 荷载计算根据实际情况确定，并应按照下列规定执行：

1 结构、土体及相关填料的自重及水重应按其几何尺寸及重度计算确定。

2 作用在防汛墙后的附加荷载，如车辆、人群、构筑物、堆场等应根据道路类别、构筑物性质及其基础、堆载情况等确定。对于防汛墙后特殊的附加荷载应作专门研究。

3 作用在防汛墙上的侧压力，宜按水土分算的原则计算，即侧压力等于土压力和水压力之和。

4 防汛墙向临水侧产生位移时，墙后土压力可按主动土压力计算，墙前土压力根据实际情况可适当考虑。防汛墙向岸侧产生位移时，墙后土压力可按被动土压力并按一定折减计算。

5 作用在防汛墙上的风浪力、基底面的扬压力计算可按照现行行业标准《水工建筑物荷载设计规范》SL 744 的有关规定执行。

6 地震荷载包括地震惯性力、地震动水压力和地震动土压力，地震荷载一般只考虑水平向地震力，不考虑竖向地震力。地震荷载可按照现行国家标准《水工建筑物抗震设计标准》GB 51247 的有关规定计算。

7.2.3 防汛墙设计时，应将可能同时作用的各种荷载进行组合，荷载组合分为正常运行条件和非常运行条件两类，可按照表7.2.3的规定执行。

表 7.2.3　防汛墙设计荷载组合

计算工况		荷载										说明
		自重	水重	土压力	静水压力	扬压力	风浪力	附加荷载	地震荷载	漂浮物撞击力等	其他	
正常运用条件	完建	√	√	√	√	√		√				
	设计高水位	√	√	√	√	√	√	√				临水侧水位为设计高水位,背水侧为相应地下水位
	设计低水位	√	√	√	√	√	√	√				临水侧水位为设计低水位,背水侧为相应地下水位
非常运用条件	施工	√	√	√	√	√	√					临水侧无水或相应水位,背水侧为相应地下水位;考虑施工期各阶段的临时荷载
	设计高水位	√	√	√	√	√	√			√		临水侧水位为设计高水位,背水侧为相应地下水位
	地震高水位	√	√	√	√	√			√			临水侧水位为地震高水位,背水侧为相应地下水位;考虑水平地震荷载
	地震低水位	√	√	√	√	√			√			临水侧水位为地震低水位,背水侧为相应地下水位;考虑水平地震荷载

注:1　背水侧地下水位根据实际情况及地质勘察报告合理确定;当无实测资料时,设计高水位时地下水位可取地面高程以下 0.5m,设计低水位时地下水位可取地面高程以下 1.0m。

2　防汛墙高水位向岸侧稳定验算需考虑漂浮物撞击作用,撞击力可按 5kN/m 计。

3　兼做码头与装卸区的防汛墙荷载组合还应按照港口码头规范的规定执行。

4　水闸闸前防汛墙墙前设计低水位需考虑水闸排水引起的水位跌落。

5　施工工况为非常运用条件Ⅰ,地震为非常运用条件Ⅱ。

6　黄浦江、苏州河设计水位详见本标准附录 A。

7.3 渗流及渗透稳定计算

7.3.1 防汛墙渗流计算断面应具有代表性。渗流可按照现行国家标准《堤防工程设计规范》GB 50286 中阻力系数法的规定计算水头、压力及比降等水力要素。

7.3.2 防汛墙地基土渗透稳定性可按照现行国家标准《水利水电工程地质勘察规范》GB 50487 的规定进行判别,渗流逸出比降应小于允许比降;当逸出比降大于允许比降时,应采取截渗、反滤及压重等防渗排水措施。

7.3.3 防汛墙渗流应按下列水位组合计算:

1 临水侧为设计高水(潮)位,背水侧为相应水位、低水位或无水。

2 临水侧为低水位,背水侧为相应地下水位或内河相应水位。

7.4 防汛墙稳定计算

7.4.1 防汛墙在各种荷载组合条件下,基底平均应力设计值应不大于地基承载力设计值 f_d,基底最大应力设计值应不大于 $1.2f_d$,地基承载力设计值 f_d 按照现行上海市工程建设规范《地基基础设计标准》DGJ 08-11 的相关规定确定。基底应力不均匀系数应按照本标准表 4.3.4 的规定执行。

7.4.2 防汛墙抗浮稳定及沿基底面的抗滑稳定计算方法可按照现行行业标准《水工挡土墙设计规范》SL 379 的相关规定执行。

7.4.3 防汛墙抗浮稳定安全系数应按照本标准第 4.3.5 条的规定执行,沿基底面的抗滑稳定安全系数应按照本标准表 4.3.3 的规定执行。

7.4.4 对于板桩式防汛墙,应验算板桩入土深度以保证其自身稳定性,计算方法可按照现行行业标准《水工挡土墙设计规范》SL 379 的相关规定执行。

7.4.5 防汛墙采用天然地基不满足设计要求时,可采用桩基或地基处理。桩基设计计算按本标准第 7.7 节的相关规定执行,地基处理设计计算可按照现行上海市工程建设规范《地基基础设计标准》DGJ 08－11 及《地基处理技术规范》DGJ 08－90 的相关规定执行。

7.5 整体稳定计算

7.5.1 防汛墙整体稳定可按照现行国家标准《堤防工程设计规范》GB 50286 的有关规定,采用瑞典圆弧法或简化毕肖普法进行计算;基底如有软弱夹层时,宜采用改良圆弧法。

7.5.2 防汛墙整体稳定性安全系数应按照本标准表 4.3.2 的规定执行。

7.5.3 防汛墙在采用桩基的情况下,如滑动面通过桩身且桩在滑动面下的长度大于 5 倍桩径时,可考虑桩的抗滑作用;当采用板桩或排桩抗滑时,计算时应考虑滑动面通过桩底的情况。桩底以上或以下附近有软土层时,尚应验算滑动面通过软土层的情况,并应验算排桩的强度。

7.6 沉降计算

7.6.1 防汛墙符合下列条件之一的,应进行地基沉降计算:
   1 软土地基或下卧层内夹有软弱土层。
   2 防汛墙地基应力接近地基允许承载力。
   3 相邻防汛墙地基应力相差较大。

7.6.2 天然地基防汛墙最终沉降量可采用分层总和法计算,按照现行国家标准《堤防工程设计规范》GB 50286 的相关规定执行。带桩基的防汛墙最终沉降量可采用 Mindlin 应力计算公式为依据的单向压缩分层总和法,按照现行上海市工程建设规范《地基基础设计标准》DGJ 08—11 的相关规定计算。

7.6.3 防汛墙沉降量计算应根据地基地质条件、土层的压缩性、断面结构和荷载等因素选取代表性断面。

7.6.4 地基压缩层厚度自基础底面或桩底平面算起,至附加应力等于土层有效自重应力的 10% 处,计算时应考虑相邻结构的影响。

7.6.5 防汛墙允许最大沉降量和最大沉降差以保证防汛墙安全和正常使用为原则,并根据具体情况确定。天然地基上的防汛墙最大沉降量不宜超过 150mm,相邻部位的最大沉降差不宜超过 50mm。

7.7 桩基计算

7.7.1 桩基承载力及沉降应满足下列规定:

1 作用在单桩桩顶上的竖向力平均值 $\bar{Q}_d$ 应不大于单桩竖向承载力设计值 R_d,作用在单桩桩顶上的最大竖向力 Q_{dmax} 应不大于单桩竖向承载力设计值的 1.2 倍。抗震验算时作用在单桩桩顶上的竖向力平均值 $\bar{Q}_d$ 应不大于单桩竖向承载力设计值 1.25 倍,作用在单桩桩顶上的最大竖向力 Q_{dmax} 应不大于单桩竖向承载力设计值的 1.5 倍。

2 作用在单桩桩顶上的水平力平均值 $\bar{Q}_p$ 应不大于单桩水平承载力设计值 R_p。

3 桩基最终沉降量不大于允许最大沉降量 150mm。

7.7.2 防汛墙桩基泥面处水平位移不宜大于 10mm,应同时满足周边环境变形控制要求。防汛墙桩基水平位移及作用效应可采用 m 法或其他方法计算。

7.7.3 防汛墙桩基采用 m 法计算时,m 值应通过试验确定;缺乏试验资料时,根据地基土分类、状态按本标准附录 B 确定,m 法计算按照本标准附录 C 执行。

7.7.4 单桩竖向与水平承载力设计值宜按照现行上海市工程建设规范《地基基础设计标准》DGJ 08－11 的相关规定确定。当桩周土产生的沉降超过桩的沉降时,需考虑桩基负摩阻力作用,负摩阻力计算可按照现行行业标准《建筑桩基技术规范》JGJ 94 的规定执行。

8 穿、跨、沿建(构)筑物

8.1 一般规定

8.1.1 各类穿、跨、沿防汛墙的建(构)筑物,应符合防洪、岸线、航运等相关规划要求,不应危及防汛墙安全,避免影响河势稳定、航运安全、河道水质及防汛墙日常运行管理。

8.1.2 与防汛墙交叉的各类建(构)筑物,宜采用上部跨越或基础以下穿越,尽量避免从墙身穿越,交叉建(构)筑物应合理规划,并应减少交叉数量。

8.1.3 在建设穿、跨、沿建(构)筑物时,应对其投影范围及保护范围的现状防汛墙按最新规划标准进行复核。当不满足规划要求时,需进行新建或加固改造。

8.1.4 在已有穿、跨、沿建(构)筑物的部位修建防汛墙工程,应根据已有建(构)筑物的结构特点、运行要求,选择合理的防汛墙结构形式,保证已有穿、跨、沿建(构)筑物的结构安全及正常运行。

8.2 穿防汛墙建(构)筑物

8.2.1 穿防汛墙建(构)筑物应满足防洪、防渗、防冲等要求:

    1 穿防汛墙建(构)筑物应确保防汛墙岸线防汛封闭,人行或车行出入口需设置防汛闸门,穿墙引排水口应设置快速启闭闸门或阀门。

    2 穿防汛墙建(构)筑物与防汛墙结合部位应满足渗透稳定要求,在建(构)筑物周围应设置截渗墙、刺墙等,与防汛墙防渗体系形成有机整体。

3 穿防汛墙建（构）筑物周围河床应采取必要防护措施，防止水流冲刷。

4 穿防汛墙建（构）筑物周围的回填土指标应按照本标准第5.3.5条及现行国家标准《堤防工程设计规范》GB 50286 的相关规定执行。

5 防汛墙上的闸、涵、泵站等建（构）筑物应与两侧防汛墙平顺衔接。

8.2.2 压力管道、热力管道、输送易燃易爆流体的各类管道，宜跨防汛墙布设，并应采取相应的安全防护措施；确需穿过防汛墙时，应进行专门论证。

8.2.3 设置沉管隧道、大型管道和大型取排水口时，应避免造成不利的河床变化和碍洪水流，必要时应通过模型试验加以验证。

8.2.4 穿防汛墙管线工作井的设置不应影响防汛墙的安全，并满足防汛墙维护管理的需要，宜布置在陆域控制线外，且距离规划河口线不小于10m。

8.2.5 建设穿防汛墙建（构）筑物时，应在防汛墙管理范围内的相应位置设置永久性的标志标识。

8.2.6 在各类已有穿防汛墙建（构）筑物岸段进行防汛墙工程新建或改造加固时，应符合下列要求：

1 穿越段及两侧一定范围内防汛墙工程建设时，需考虑对建（构）筑物的影响，应选用非挤土或弱挤土性地基处理方案。

2 对于埋置深度较浅的穿防汛墙建（构）筑物，可采取门洞式地基加固处理形式，地基加固体与建（构）筑物间需留有足够的安全距离。对于重要隧道及管道，地基加固体与其顶部及两侧的净距不宜小于3m；对于其他穿防汛墙建（构）筑物，地基加固体与其顶部及两侧的净距不宜小于2m。

8.2.7 对于规划建（构）筑物下穿防汛墙的岸段，新建或加固改造防汛墙时，宜考虑规划建（构）筑物下穿防汛墙的需要，提前预留相应的穿越位置及沉降量。

8.3 跨防汛墙建(构)筑物

8.3.1 跨河桥梁或管线桥宜采取跨防汛墙布置,其墩台不宜布置在防汛墙断面内。当布置条件受限,墩台结构可与防汛墙结构合建,墩台结构应满足设防高程、整体稳定、防渗、抗冲及与两侧防汛墙形成防汛封闭等要求。

8.3.2 跨防汛墙建(构)筑物设计时,桥墩布置、桥下净空等应满足防汛抢险、沿河贯通、管理维修等方面的要求。

8.3.3 在各类已跨防汛墙建(构)筑物岸段进行防汛墙工程新建或加固改造时,需考虑防汛墙工程对建(构)筑物的影响,结合实际情况选用合适的结构形式,采用非挤土或弱挤土性地基处理方案。

8.4 沿防汛墙建(构)筑物

8.4.1 设在临水侧的码头、亲水平台、水文站、泵站等建(构)筑物,应选择在水流平顺、岸坡稳定的岸段,并应符合岸线规划要求,不影响河段的行洪排涝及航运安全。

8.4.2 设在临水侧的建(构)筑物应满足自身安全稳定,不应降低防汛墙顶高程,不应削弱防汛墙设计断面。

8.4.3 设在临岸侧的各类沿防汛墙建(构)筑物宜布置在防汛墙陆域控制线外,建(构)筑物与防汛墙之间应留有安全距离,并满足交通、防汛抢险、管理维修等方面的要求。

8.4.4 在已有各类沿防汛墙建(构)筑物岸段进行防汛墙工程新建或加固改造时,为减小对建(构)筑物的影响,可采取减小基坑开挖深度、非挤土(或弱挤土)地基处理、隔离保护等措施。

9 配套及附属设施

9.1 一般规定

9.1.1 防汛墙配套设施一般包括潮闸（拍）门、防汛通道、监测设施、标示牌、里程桩牌等。附属设施一般包括栏杆、照明等。配套及附属设施与主体结构应总体统筹、协调一致，宜同步建设。

9.1.2 配套及附属设施的设计应满足安全可靠、标示清晰、便于维修等原则，不得影响防汛墙结构安全及日常巡查维护。

9.1.3 对需要结合滨水公共空间开发的防汛墙岸段，其配套及附属设施应与区域功能相协调，风貌一致。

9.2 配套设施

9.2.1 潮闸门应满足以下要求：

1 宜采用定型化设计。

2 穿墙管道与防汛墙的连接必须满足防渗、防冲等要求。

3 可采用拍门或阀门，管道直径 450mm 及以上的潮闸门应设闸门井。

9.2.2 防汛通道应满足防汛抢险、维修养护及日常管理所需的物资运输和人员交通的需要，并符合下列要求：

1 防汛通道宜全线贯通，应设置必要的限行设施和警示标志。

2 防汛通道总宽度不小于 6m，其中车行道宽度不宜小于 3m，并应考虑双向错车要求。

3 防汛通道中车行道设计标准应按照四级公路设计标准

执行。

    4 防汛道路可利用周边道路代替的,宜设置人行巡查通道。

    5 防汛通道应设置路面排水,并与场地周边排水系统连接。

    6 防汛通道路面宜采用透水路面。

    7 防汛通道兼做市政道路时,应按照道路的相关设计标准进行设计,车行道与防汛墙之间应设置隔离或防护设施,道路下管线布置应满足防汛墙的安全要求。

9.2.3 标识标牌可分为公告类、名称类、警示类、指引类,标识标牌设置应满足以下要求:

    1 标识标牌设置应牢固稳定、安全可靠,内容应准确、清晰、简洁,文字应规范、正确、工整。

    2 标识标牌的形状、尺寸应标准化、规格化,可根据周边环境和美观要求进行统一设计。

9.3 附属设施

9.3.1 防汛墙应根据安全需要设置防护栏杆,栏杆应安全可靠、简洁美观,高度及隔条间距应满足相关规范要求。

9.3.2 防汛墙沿线可以根据不同的环境要求,选择合理的照明设施,并符合以下要求:

    1 高杆照明灯宜采用独立基础。

    2 景观性照明禁止使用闪烁、旋转的灯具,不得设置直接影响船舶航行安全的发光设施。

    3 照明应采用节能灯具。

    4 灯具防护等级应满足相应标准要求。

10 景观绿化

10.1 一般规定

10.1.1 防汛墙景观绿化应在满足河道防洪、排涝、航运和引调水等功能要求的基础上,实现滨水空间的统筹兼顾、功能复合,满足不同人群、不同活动的体验需求。

10.1.2 景观绿化设计应综合考虑安全性、美观性、亲水性、生态性、特色性等要求,达到功能与效益的有机统一。

10.1.3 景观绿化应与主体结构相协调,不得影响防汛墙结构安全及日常巡查维护。

10.2 景 观

10.2.1 防汛墙后有一定腹地的岸段根据景观规划要求宜设置多级防汛墙,一级挡墙后以旅游休闲、水环境展示、景观绿化功能为主,与两岸公共空间有机融合,增强滨水体验。

10.2.2 在一级挡墙前设置观景平台、人行栈桥、休闲踏步等亲水设施,其布置应满足以下要求:

    1 亲水设施外缘不宜超越河道规划河口线,不应影响河道的行洪能力、航运要求和河势稳定。

    2 亲水设施面高程应根据河道水位变动、通航安全、日常管理养护及景观效果等需求综合确定。

    3 亲水设施临水侧宜设置安全防护栏杆,配备必要的救生设施,并设置警示标识,保证人身安全。

10.2.3 一级挡墙后滨水空间的景观设计应满足以下要求:

1 防汛墙、亲水设施、滨水空间宜平缓过渡、协调一致,实现空间上连续性和可达性。

2 陆域设置如亭、廊、雕塑、小品等休闲、景观设施时,应保证防汛墙的安全,并结合腹地大小确定合理的比例尺度,并与周边环境相协调。

3 充分利用墙后腹地,塑造蜿蜒曲折、高低起伏的微地形,结合绿化、景观设施,构建生境地貌多样的滨水空间。

10.2.4 陆域景观设施布置和微地形塑造应满足防汛通行要求,保证防汛通道连续贯通。

10.2.5 防汛墙外立面可结合环境景观要求进行如下布置:

1 已建防汛墙在满足防洪和结构安全的前提下,可采用垂直绿化等措施对防汛墙立面进行柔化处理。

2 新建防汛墙宜采用清水混凝土墙面,景观要求高的岸段,可采取压模、砌块等方法处理。

10.3 绿 化

10.3.1 防汛墙管理范围内的绿化植被不应影响防汛墙结构稳定安全,不应影响地下管线、电杆、消防设备等设施的安全。

10.3.2 绿化设计应根据河道类型、位置以及其特征,充分体现生态服务、生态拦截、水土保持、水质改善、生态系统修复等多种功能。

10.3.3 根据河道两岸环境特征选择适宜的绿化植物,优先选择本土植物种类。

10.3.4 植物配置时,横向上应构建完整的、适应水陆梯度变化的植物群落,依次体现水生植物到陆生植物过渡的渐变过程。纵向上因地制宜采用斑块状、条带状、混合栽种等方式分段布置绿化植物,并保证绿化带平面整体上的连续性。

10.3.5 应注重植物的季相变化,充分考虑常绿、半常绿、落叶植物的四季配置,乔木、灌木、草本、藤本植物的多层次布局。

10.3.6 防汛道路两侧绿化宜具有一定的通透性、可视性,不得影响行车安全。

11 施工组织设计

11.1 一般规定

11.1.1 防汛墙工程施工组织设计应遵循因地制宜、方便施工、强度均衡、安全可靠、易于管理、工期可控等原则,能经济合理地实现工程的总体设计方案,并符合生态环境保护、水土保持、节能、劳动安全等专业要求。

11.1.2 防汛墙工程施工组织设计的主要内容一般包括施工导流、主体工程施工、施工总布置、施工总进度、施工监测等。

11.1.3 编制施工组织设计应收集气象、水文、地形地质、交通、建筑材料来源、水电、周边环境等基础资料。

11.2 施工导流

11.2.1 防汛墙导流建筑物施工主要包括施工围堰、临时防汛墙、导流明渠、导流涵管等,应根据场地、水文、水系调度等条件选取。

11.2.2 施工导流建筑物的等级划分及设计标准应按照现行行业标准《水利水电工程等级划分及洪水标准》SL 252、《水利水电工程施工组织设计规范》SL 303等规范及相关规定执行。

11.2.3 防汛墙工程建设一般可采用墙前布置沿河施工围堰、墙后布置临时防汛墙的导流方式,特殊情况下施工围堰兼作临时防汛墙,但应达到临时防汛墙标准;部分河道也可构筑拦河围堰,通过开挖明渠、设置涵管或利用周边水系等方式进行导流。

11.2.4 施工围堰的结构形式可选用土(草包或编织袋)围堰、木桩围堰、钢管桩围堰、钢板桩围堰等。沿河围堰与防汛墙之间可根据需要设置横向格坝进行分隔。

11.2.5 工程建设需要破开现状河道防汛墙导致河道防汛标准降低时,需设置临时防汛墙,临时防汛墙设防标准应根据工期安排、保护对象等因素综合确定。黄浦江、苏州河上的临时防汛墙设防高程见本标准附录 A。

11.2.6 临时防汛墙设计应满足下列要求:

  1 选用土(草包或编织袋)、砌块、混凝土、钢筋混凝土等结构形式。

  2 根据施工交通要求设置必要的出入口,并考虑临时封堵措施。

  3 与两侧永久防汛墙形成防汛封闭。

11.2.7 施工围堰、临时防汛墙设计应满足稳定、强度、运行管理等安全要求。

11.3 主体工程施工

11.3.1 防汛墙施工应根据其结构形式、水文地质特点、现状场地条件等选择合理的施工工序、施工工艺和施工设备。

11.3.2 防汛墙主体工程施工一般包括土方挖填、砌石、混凝土浇筑、防汛墙地基基础处理、墙前护坡结构施工等,应按照现行行业标准《水利水电工程施工组织设计规范》SL 303、《堤防工程施工规范》SL 260、《水工混凝土施工规范》SL 677 等规范执行,其质量控制及检验应按照现行上海市工程建设规范《水利工程施工质量检验与评定标准》DG/TJ 08-90 及相关规范执行。

11.3.3 防汛墙工程施工前应对工程影响范围内的管线和建筑物结构进行探摸和调查,并考虑必要的防护措施。

11.4 施工总布置

11.4.1 防汛墙工程施工总布置应综合分析防汛墙结构形式、特点、施工条件和工程所在地的社会、自然条件等因素,遵循永临结合、因地制宜、安全可靠、经济合理的原则,统筹规划并合理确定各种临时设施。

11.4.2 场内外交通布置应充分利用现有交通道路系统,施工便道尽量与新建防汛道路路基结合布置,防汛墙墙后无陆上进场条件时可采用水上进场施工。

11.4.3 施工导流建筑物布置应综合考虑基础开挖、施工机械及施工道路的布置要求。

11.4.4 施工材料堆场、加工厂、生活管理区宜分段集中布置,满足安全及文明施工的要求。

11.4.5 防汛墙施工应做好场内土方平衡,尽量减少外购土方量和弃土量。

11.5 施工总进度

11.5.1 施工总进度应根据工程规模、技术难度、施工组织管理水平及机械化程度合理安排施工工期,编制工程进度计划,明确节点工期。

11.5.2 单项工程施工进度与施工总进度相互协调,施工机械及人员配置合理,各项目施工工序前后兼顾、衔接合理、流水作业、施工均衡。

11.5.3 对于工程规模大、影响范围广、施工周期长的工程,可安排分期施工。

11.5.4 防汛墙临水结构宜安排在非汛期施工,若需跨汛期施工,应加强度汛安全措施。

11.6 施工监测

11.6.1 对防汛墙工程及其施工影响范围内的地下管线、跨河桥梁、相邻防汛墙等建筑物,宜提出相应的施工期监测要求。

11.6.2 对施工导流建筑物,宜提出定期观测、检查、维护的要求。

12 工程管理

12.1 一般规定

12.1.1 防汛墙工程管理设计应为其日常维护、正常运用创造条件,促进防汛墙管理专业化、规范化、信息化,不断提高管理水平。

12.1.2 防汛墙工程管理设计应与防汛墙主体工程设计同步进行,工程管理设施建设费用应纳入工程总投资。

12.1.3 防汛墙工程管理设计应划定工程管理范围和保护范围,提出运行管理内容。

12.1.4 防汛墙工程管理设计应符合安全可靠、管理方便、提高效率的原则,并积极采用新技术、新材料。

12.2 工程管理范围及保护范围

12.2.1 防汛墙管理范围和保护范围应根据安全要求、所处区域自然地理条件、土地开发利用状况以及工程运行管理和抢险需要等综合确定。

12.2.2 防汛墙的管理范围一般应包括以下工程及设施的建筑场地和管理用地:

    1 临水岸坡坡脚线(直立墙为墙前 5m 水域线)至陆域控制线之间范围。

    2 穿防汛墙的涵闸、排水口等交叉建筑物的工程占地范围。

    3 工程配套附属设施及景观绿化占地范围。

    4 管理单位生产、生活区建筑占地范围。

12.2.3 根据防汛墙重要程度及运行条件,在防汛墙管理范围以外相连的区域,宜划定安全保护区作为工程保护范围。

12.2.4 在防汛墙管理范围及安全保护范围内,除抢险和改造工程外,严禁以下危害防汛墙安全的行为和活动:

1 擅自改变防汛墙的主体结构。

2 在防汛通道内行驶 2t 以上车辆。

3 墙后地坪严禁擅自填方及临时堆土,与墙后地坪相邻地区,要加强监督,严禁超标堆土、堆物。

4 在非装卸作业岸段带缆泊船或进行装卸作业。

5 违反规定堆放货物、安装大型设备、搭建建(构)筑物。

6 打桩、爆破、取土、挖坑。

7 危害防汛墙安全的其他行为。

12.3 防汛墙运行管理

12.3.1 防汛墙运行管理包括防汛墙及其附属设施的巡查、维修养护、设施保洁等工作。

12.3.2 巡查为运行期日常巡查、潮(汛)期巡查和特别巡查,维修养护为运行期日常维修养护,设施保洁为管理范围的保洁。

12.3.3 防汛墙及其附属设施巡查内容应包括以下方面:

1 防汛墙是否沉降、位移、裂缝、破损、坍塌等。

2 防汛通道是否破损、整洁、违规占用等。

3 防汛闸门、潮闸门井等运行状况、破损情况等。

4 其他附属设施是否损坏、缺失、锈蚀、失养等。

5 墙后保护范围内地面是否凹陷、塌方。

6 防汛墙墙后堆载情况。

7 防汛墙险情报修情况。

12.3.4 防汛墙及其附属设施维修养护应包括以下内容:

1 防汛墙墙体裂缝、墙体破损、变形缝等部位修复,墙体渗漏和墙底渗漏封堵及修复。

2 防汛通道路面破损、裂缝修补和封闭,路基及排水修复等。

3 防汛闸门、潮闸门井需定期养护、汛前维修、汛后检查,闸门、拍门、埋件及启闭设备维修与养护。

4 其他附属设施的修复及养护。

5 人为影响防汛墙和人身安全等行为。

12.3.5 防汛墙及其附属设施保洁应包括以下内容:

1 防汛墙立面污痕、贴物、乱挂清理。

2 防汛通道堆积物、垃圾清洁。

3 其他附属设施污迹清除。

12.3.6 防汛墙管理应配备必要生产管理和生活设施,包括生产办公设施、生产附属设施、生活设施、环境绿化设施等,3级及以上防汛墙可根据需要在沿线设置必要的管理养护用房。

12.3.7 防汛墙沿线应配置必要的通信设施、监视设施,便于监视掌握现场运行管理情况。通信设施应满足防汛指挥部门之间信息传输迅速、准确、可靠的要求;在支河口、防汛通道闸门等重要地段应设置监视设施。

12.3.8 在防汛墙沿线根据需要应设置电子信息系统,及时获取防汛墙里程、断面、桩号等管理信息。

13 安全监测

13.0.1 防汛墙工程安全监测设计应综合考虑工程级别、水文气象、地形地质条件及工程运行等要求,安全监测项目及设施应符合有效、可靠、方便及经济合理的原则。

13.0.2 防汛墙安全监测设计内容应包括监测项目设置、设施布设、监测方法拟定、明确监测频率及报警值、提出监测资料整理分析技术要求等。

13.0.3 监测项目及设施布设应符合下列要求:

　　1 监测项目及测点布置应能够反映防汛墙工程的主要运行状况。

　　2 监测断面及部位应选择有代表性的墙段。

　　3 在特殊岸段或地形地质复杂段,可根据需要适当增加监测断面和项目。

　　4 监测点应具有较好的交通、照明条件,并有明显的监测标志和安全保护措施。

　　5 监测设施应选择技术先进、简便实用的监测仪器和设备。

13.0.4 防汛墙工程可设置下列一般性安全监测项目:

　　1 垂直位移、水平位移。

　　2 水位或潮位。

　　3 墙后地下水位。

　　4 墙前水下地形。

　　5 表面观测包括墙体裂缝、墙后地面坍塌或隆起、渗透变形等。

13.0.5 1级、2级防汛墙可选择性设置下列专门性监测项目:

　　1 河道流速流态及近岸河床的冲淤变化。

2 沉降缝的开合度。

3 墙前波浪高度。

13.0.6 对于自动化监测仪器、数据采集、数据传输等,应符合以下要求:

1 监测仪器等设备应耐久、可靠、实用、先进。

2 防汛墙纳入自动化监测的测点,根据工程需要,设置1个或多个数据采集装置。数据采集装置可分散设置在靠近监测仪器的监测站,其采集计算机可设置在监测管理中心站。

3 数据采集系统内部可采用串口通信、以太网通信及其他国际标准构建现场通信网络。基本系统之间、基本系统与监测管理中心站之间可采用局域网连接,也可采用无线通信方式传输。

4 通信网络可根据需要采用双绞线、光纤和无线等通信介质。

5 采用相互匹配的监测水位仪器及数据采集输送。

13.0.7 防汛墙工程安全监测设计应根据监测内容提出相应的监测频率和报警值,以便于工程隐患的发现及排查。

13.0.8 防汛墙工程运行期间,需定期进行安全监测,监测数据应真实可靠,当数据明显变化时应加大监测频率。监测资料应定期进行整编。

附录A 黄浦江、苏州河防汛墙 设防标准及设计水位

A.0.1 黄浦江、苏州河防汛墙设防标准如下：

1 黄浦江市区段永久性防汛墙采用黄浦江千年一遇高潮位 (1984年批准)设防，为Ⅰ等工程1级水工建筑物。

2 黄浦江上游段防汛墙包括黄浦江上游干流段、拦路港段、红旗塘(上海段)、太浦河(上海段)、大泖港段(北朱泥泾及向阳河向下游至黄浦江干流段)。永久性防汛墙采用五十年一遇流域防洪标准设防，为Ⅱ等工程3级水工建筑物。新建或改造永久性防汛墙宜按2级水工建筑物设计。

3 苏州河永久性防汛墙采用五十年一遇防洪标准设防，同时应满足二十年一遇除涝标准，为Ⅱ等工程2级水工建筑物。

A.0.2 黄浦江、苏州河防汛墙设计水位详见表 A.0.2-1～表 A.0.2-3。

表 A.0.2-1 黄浦江市区段防汛墙设计水位及
墙顶标高分界(单位:m,上海吴淞高程)

序号	起讫地段		永久性防汛墙					非汛期临时防汛墙	
	浦西	浦东	设计高水位	设计低水位	防汛墙设计标高	地震情况		防御水位	墙顶标高
						高水位	低水位		
1	吴淞口～钱家浜	吴淞口～草镇渡口	6.27	0.38	7.30	5.74	0.76	5.40	5.80
2	钱家浜～定海桥	草镇渡口～金桥路	6.20	0.46	7.20	5.64	0.77	5.35	5.75
3	定海桥～苏州河	金桥路～丰和路	6.00	0.58	7.00	5.48	0.92	5.30	5.70
4	苏州河～复兴东路	丰和路～张杨路	5.86	0.69	6.90	5.36	1.08	5.20	5.60

续表 A.0.2-1

序号	起讫地段		永久性防汛墙					非汛期临时防汛墙	
	浦西	浦东	设计高水位	设计低水位	防汛墙设计标高	地震情况		防御水位	墙顶标高
						高水位	低水位		
5	复兴东路～日晖港	张杨路～卢浦大桥	5.70	0.74	6.70	5.28	1.12	5.10	5.50
6	日晖港～龙耀路	卢浦大桥～川杨河	5.50	0.87	6.50	5.07	1.23	5.00	5.40
7	龙耀路～张家塘港	川杨河～华夏西路	5.40	0.91	6.40	5.02	1.26	4.90	5.30
8	张家塘港～淀浦河	华夏西路～三林塘港	5.30	1.00	6.20	4.89	1.33	4.80	5.20
9	淀浦河～春申塘	三林塘港～浦闵区界	5.20	1.04	6.00	4.84	1.36	4.70	5.10
10	春申塘～六磊塘	浦闵区界～周浦塘	5.10	1.12	5.80	4.72	1.42	4.65	5.05
11	六磊塘～闵浦大桥	周浦塘～闵浦大桥	4.90	1.19	5.60	4.63	1.48	4.55	4.95
12	闵浦大桥～闸港嘴	闵浦大桥～金汇港	4.78	1.20	5.50	4.55	1.50	4.40	4.80
13	闸港嘴～沪闵路	金汇港～沪杭公路	4.67	1.20	5.40	4.36	1.50	4.35	4.75
14	沪闵路～西荷泾	沪杭公路～千步泾	4.56	1.20	5.30	4.25	1.50	4.30	4.70

注：1 各分界点空间位置按浦西侧与浦东侧基本对等布置，位于支流河口的分界点位置统一至支流河口上游侧堤防里程桩号 0+000 位置，支河防汛墙的设计水位比照其下游干流段。

　　2 支流段闸外闸区范围设计高水位考虑闸外水位抬高影响按比照水位增加 0.2m 计算；支流河口第一座桥（河口无桥梁的为河口内 200m 左右）往上游至支流闸外段防汛墙安全超高可按不低于 0.5m 控制；复兴岛四周比照钱家浜～定海桥段设计水位，永久性防汛墙墙顶设计标高为 7.20m。

　　3 非汛期临时防汛墙顶标高采用非汛期二百年一遇高潮位加不低于 0.4m 超高控制（若临时防汛墙与施工围堰结合设在临水一侧，则围堰顶标高采用非汛期二百年一遇高潮位加不低于 0.5m 波浪高度控制），使用期限自每年 10 月 21 日至次年 5 月 31 日；需要在 10 月 1 日至 20 日设置临时防汛墙的，按汛期标准，其设防水位及墙顶标高同永久性防汛墙一致。非汛期及度汛临时防汛墙均按 3 级水工建筑物设计。

　　4 宜对历史最高（低）水位与设计最高（低）水位进行比较，取二者中的不利值作为设计最高（低）水位。

表 A.0.2-2 黄浦江上游段防汛墙设计水位及墙顶标高表

（单位：m，上海吴淞高程）

永久性防汛墙		非汛期临时防汛墙	
设防 标准	防汛墙 设计标高	防御 水位	墙顶 标高
$P=2\%$	5.24	3.98	4.30

注：1 各段因位置不同设计高水位有所差异，但考虑到与流域河道及黄浦江上游干流段的衔接，防汛墙墙顶设计标高统一取 5.24m。

　　2 非汛期临时防汛墙墙顶标高采用非汛期五十年一遇高水位加不低于 0.3m 超高控制（若临时防汛墙与施工围堰结合设在临水一侧，则围堰标高采用非汛期五十年一遇高水位加不低于 0.4m 波浪高度控制），使用期限自每年 10 月 21 日至次年 5 月 31 日；需要在 10 月 1 日至 20 日设置临时防汛墙的，按汛期标准，其设防水位及墙顶高程同永久性防汛墙一致。非汛期及度汛临时防汛墙均按 4 级水工建筑物设计。

　　3 宜对历史最高（低）水位与设计最高（低）水位进行比较，取二者中的不利值作为设计最高（低）水位。

表 A.0.2-3 苏州河(吴淞江上海段)防汛墙设计水位及墙顶标高表（单位：m，上海吴淞高程）

序号	起讫地段	永久性防汛墙		非汛期临时防汛墙	
		防御 水位	防汛墙 设计标高	防御 水位	墙顶 标高
1	河口～真北路桥			4.22	4.55
2	真北路桥～蕴藻浜	4.79	5.20	3.92	4.25
3	蕴藻浜～省界			3.41	3.75

注：1 非汛期临时防汛墙墙顶标高采用非汛期五十年一遇高水位加不低于 0.3m 超高控制（含临时防汛墙与施工围堰结合设在临水一侧），使用期限自每年 10 月 21 日至次年 5 月 31 日，需要在 10 月 1 日至 20 日设置临时防汛墙的，按汛期标准，其设防水位及墙顶高程同永久性防汛墙一致。非汛期及度汛临时防汛墙均按 4 级水工建筑物设计。

　　2 宜对历史最高（低）水位与设计最高（低）水位进行比较，取二者中的不利值作为设计最高（低）水位。

附录 B 地基水平抗力系数随深度的比例系数 m

B.0.1 m 法的水平地基抗力系数应按下式确定：

$$k = mZ \qquad (B.0.1)$$

式中：k——水平地基反力系数(kN/m^3)；

m——水平地基反力系数随深度增大的比例系数(kN/m^4)；

Z——计算点距泥面线的深度(m)。

B.0.2 m 值可通过水平荷载试验确定；当无试验资料时，可按表 B.0.2 选用。

表 B.0.2 比例系数 m

地基土分类		$m(kN/m^4)$
流塑的黏性土		$1\,000 \sim 2\,000$
软塑的黏性土、松散的粉性土和砂土		$2\,000 \sim 4\,000$
可塑的黏性土、稍密～中密的粉性土和砂土		$4\,000 \sim 6\,000$
坚硬的黏性土、密实的粉性土、砂土		$6\,000 \sim 10\,000$
水泥搅拌桩加固置换率 25%	$8\% \leqslant$ 水泥掺量 $\leqslant 12\%$	$2\,000 \sim 4\,000$
	水泥掺量 $> 12\%$	$4\,000 \sim 6\,000$

B.0.3 当基础外侧地面线或局部冲刷线以下 $h_m = 2(d+1)$(m)（对桩底入土深度 $h \leqslant 2.5/\alpha$ 的情况，取 $h_m = h$）深度内有两层土时，应将两层土的比例系数按式(B.0.3)换算成一个 m 值，作为整个深度的 m 值。

$$m = \gamma m_1 + (1-\gamma)m_2 \qquad (B.0.3)$$

$$\lambda = \begin{cases} 5(h_1/h_m)^2 & h_1/h_m \leqslant 0.2 \\ 1 - 1.25(1 - h_1/h_m)^2 & h_1/h_m > 0.2 \end{cases}$$

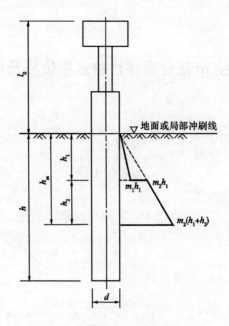

图 B.0.3 两层土 m 值换算示意

附录 C 按 m 法计算弹性桩水平位移及作用效应

C.0.1 桩的计算宽度可按下式计算：

当 $d \geqslant 1.0 \mathrm{m}$ 时

$$b_1 = kk_f(d+1) \tag{C.0.1-1}$$

当 $d < 1.0 \mathrm{m}$ 时

$$b_1 = kk_f(1.5d+0.5) \tag{C.0.1-2}$$

对单排桩或 $L_1 \geqslant 0.6h_1$ 的多排桩

$$k = 1.0 \tag{C.0.1-3}$$

对 $L_1 < 0.6h_1$ 的多排桩

$$k = b_2 + \frac{1-b_2}{0.6} \cdot \frac{L_1}{h_1} \tag{C.0.1-4}$$

式中：b_1——桩的计算宽度（m），$b_1 \leqslant 2d$。

d——桩径或垂直于水平外力作用方向桩的宽度。

k_f——桩形状换算系数，视水平力作用面（垂直于水平力作用方向）而定，圆形截面 $k_f = 0.9$；矩形截面 $k_f = 1.9$。

k——平行于水平力作用方向的桩间相互影响系数。

L_1——平行于水平力作用方向的桩间净距（图 C.0.1-1）；梅花形布桩时，若相邻两排桩中心距 c 小于 $(d+1)\mathrm{m}$ 时，可按水平力作用面各桩间的投影距离计算（图 C.0.1-2）。

h_1——地面或局部冲刷线以下桩的计算埋入深度，可取 $h_1 = 3(d+1)$，但不得大于地面或局部冲刷线以下桩入土深度 h（图 C.0.1-1）。

b_2——与平行于水平力作用方向的一排桩的桩数 n 有关的系数，当 $n=1$ 时，$b_2 = 1.0$；$n=2$ 时，$b_2 = 0.6$；$n=3$ 时，$b_2 = 0.5$；$n \geqslant 4$ 时，$b_2 = 0.45$。

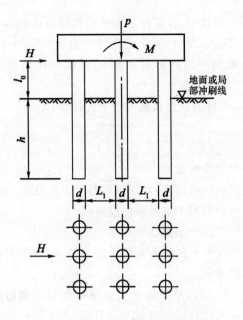

图 C.0.1-1 计算 k 值时桩基示意

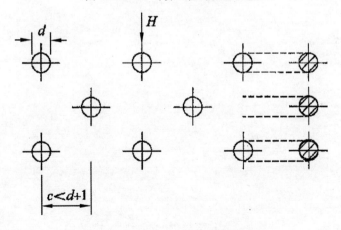

图 C.0.1-2 梅花形示意

在桩平面布置中,若平行于水平力作用方向的各排桩数量不等,且相邻(任何方向)桩间中心距等于或大于$(d+1)$(m),则所验算各桩可取同一桩间影响系数 k,其值按桩数量最多的一排选取。

C.0.2 桩基中桩的变形系数可按下式计算:

$$\alpha = \sqrt[5]{\frac{mb_1}{EI}} \qquad\qquad (C.0.2)$$

式中:α——桩的变形系数;

EI——桩的抗弯刚度,对于钢筋混凝土桩,$EI=0.8E_cI$;

E_c——桩的混凝土抗压弹性模量;

I——桩的截面毛惯性矩;

m——地基水平向抗力系数比例系数,m 取值具体见本标准附录 B。

C.0.3 $\alpha h > 2.5$ 时,单排桩承受桩顶荷载与桩侧面受压力作用时的作用效应及位移可按表 C.0.3 计算。

表 C.0.3 桩顶受力与桩侧受土压力的单排桩计算用表

计算图示		（1）桩顶受力，桩顶自由	（2）桩身受梯形荷载，桩顶自由
地面或局部冲刷线处桩的作用效应	弯矩	$M_0 = M + H(h_2 + h_1)$	$M_0 = M + H(h_2 + h_1) + \frac{1}{6} h_2 [(2q_1 + q_2)h_2 + 3(q_1 + q_2)h_1] + \frac{1}{6}(2q_3 + q_4)h_1^2$
	剪力	$H_0 = H$	$H_0 = H + \frac{1}{2}(q_1 + q_2)h_2 + \frac{1}{2}(q_3 + q_4)h_1$

— 59 —

续表 C.0.3

地面或局部冲刷线处作用单位"力"时，该截面产生的变位	$H_0=1$作用时	水平位移	$\delta_{HH}^{(0)} = \dfrac{1}{\alpha^3 EI} \times \dfrac{(B_3 D_4 - B_4 D_3) + k_h (B_2 D_4 - B_4 D_2)}{(A_3 B_4 - A_4 B_3) + k_h (A_2 B_4 - A_4 B_2)}$	$\delta_{HH}^{(0)} = \dfrac{1}{\alpha^3 EI} \times \dfrac{(B_3 D_4 - B_4 D_3) + k_h (B_2 D_4 - B_4 D_2)}{(A_3 B_4 - A_4 B_3) + k_h (A_2 B_4 - A_4 B_2)}$
		转角（rad）	$\delta_{MH}^{(0)} = \dfrac{1}{\alpha^2 EI} \times \dfrac{(A_3 D_4 - A_4 D_3) + k_h (A_2 D_4 - A_4 D_2)}{(A_3 B_4 - A_4 B_3) + k_h (A_2 B_4 - A_4 B_2)}$	$\delta_{MH}^{(0)} = \dfrac{1}{\alpha^2 EI} \times \dfrac{(A_3 D_4 - A_4 D_3) + k_h (A_2 D_4 - A_4 D_2)}{(A_3 B_4 - A_4 B_3) + k_h (A_2 B_4 - A_4 B_2)}$
	$M_0=1$作用时	水平位移	$\delta_{HM}^{(0)} = \delta_{MH}^{(0)}$ $= \dfrac{1}{\alpha^2 EI} \times \dfrac{(B_3 C_4 - B_4 C_3) + k_h (B_2 C_4 - B_4 C_2)}{(A_3 B_4 - A_4 B_3) + k_h (A_2 B_4 - A_4 B_2)}$	$\delta_{HM}^{(0)} = \delta_{MH}^{(0)}$ $= \dfrac{1}{\alpha^2 EI} \times \dfrac{(B_3 C_4 - B_4 C_3) + k_h (B_2 C_4 - B_4 C_2)}{(A_3 B_4 - A_4 B_3) + k_h (A_2 B_4 - A_4 B_2)}$
		转角（rad）	$\delta_{MH}^{(0)} = \dfrac{1}{\alpha EI} \times \dfrac{(A_3 C_4 - A_4 C_3) + k_h (A_2 C_4 - A_4 C_2)}{(A_3 B_4 - A_4 B_3) + k_h (A_2 B_4 - A_4 B_2)}$	$\delta_{MH}^{(0)} = \dfrac{1}{\alpha EI} \times \dfrac{(A_3 C_4 - A_4 C_3) + k_h (A_2 C_4 - A_4 C_2)}{(A_3 B_4 - A_4 B_3) + k_h (A_2 B_4 - A_4 B_2)}$
地面或局部冲刷线处桩变位		水平位移	$x_0 = H_0 \delta_{HH}^{(0)} + M_0 \delta_{HM}^{(0)}$	$x_0 = H_0 \delta_{HH}^{(0)} + M_0 \delta_{HM}^{(0)}$
		转角（rad）	$\varphi_0 = -(H_0 \delta_{MH}^{(0)} + M_0 \delta_{MM}^{(0)})$	$\varphi_0 = -(H_0 \delta_{MH}^{(0)} + M_0 \delta_{MM}^{(0)})$
地面或局部冲刷线以下深度 z 处桩各截面内力		弯矩	$M_z = \alpha^2 EI \left(x_0 A_3 + \dfrac{\varphi_0}{\alpha} B_3 + \dfrac{M_0}{\alpha^2 EI} C_3 + \dfrac{H_0}{\alpha^3 EI} D_3\right)$	$M_z = \alpha^2 EI \left(x_0 A_3 + \dfrac{\varphi_0}{\alpha} B_3 + \dfrac{M_0}{\alpha^2 EI} C_3 + \dfrac{H_0}{\alpha^3 EI} D_3\right)$
		剪力	$Q_z = \alpha^3 EI \left(x_0 A_4 + \dfrac{\varphi_0}{\alpha} B_4 + \dfrac{M_0}{\alpha^2 EI} C_4 + \dfrac{H_0}{\alpha^3 EI} D_4\right)$	$Q_z = \alpha^3 EI \left(x_0 A_4 + \dfrac{\varphi_0}{\alpha} B_4 + \dfrac{M_0}{\alpha^2 EI} C_4 + \dfrac{H_0}{\alpha^3 EI} D_4\right)$

续表 C.0.3

桩柱顶水平位移	
$$\Delta = x_0 \varphi_0 (h_2 + h_1) + \Delta_0$$ 式中： $$\Delta_0 = \frac{H}{E_1 I_1}\left[\frac{1}{3}(nh_1^3 + h_2^3) + nh_1 h_2 (h_1 + h_2)\right] +$$ $$\frac{M}{2E_1 I_1}[h_2^2 + nh_1(2h_2 + h_1)]$$	$$\Delta = x_0 - \varphi_0 (h_2 + h_1) + \Delta_0$$ 式中： $$\Delta_0 = \frac{H}{2E_1 I_1}(nh_1^2 + 2nh_1 h_2) +$$ $$\frac{H}{3E_1 I_1}(nh_1^3 + 3nh_1^2 h_2 + 3nh_1 h_2^2 + h_2^3) +$$ $$\frac{1}{120E_1 I_1}\big[(11h_2^4 + 40nh_2^3 h_1 + 20nh_2^3 h_1^2 + 50nh_2^2 h_1^2)q_1 +$$ $$4(h_2^4 + 10nh_2^2 h_{21} + 5nh_2^3 h_1 + 5nh_2 h_1^3)q_2 +$$ $$(11nh_1^4 + 15nh_2 h_1^3)q_3 + (4nh_1^4 + 5nh_2 h_1^3)q_4\big]$$

注：表中 $\delta_{HH}^{(0)}$、$\delta_{MH}^{(0)}$、$\delta_{HM}^{(0)}$、$\delta_{MM}^{(0)}$ 的物理意义见图 C.0.3。

(1)当 $H_0 = 1$ 作用在地面或局部冲刷线处,桩在该处产生的水平位移 $x_0 = \delta_{HH}^{(0)}$ 和转角 $\varphi_0 = -\delta_{MH}^{(0)}$

(2)当 $M_0 = 1$ 作用在地面或局部冲刷线处,桩在该处产生的水平位移 $x_0 = \delta_{HM}^{(0)}$ 和转角 $\varphi_0 = -\delta_{MM}^{(0)}$

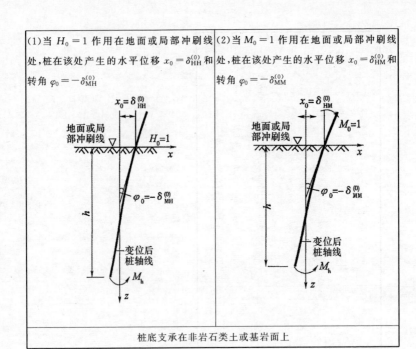

桩底支承在非岩石类土或基岩面上

图 C.0.3 在荷载作用下桩的变形图

表 C.0.3 说明:

1 本表适用于 $\alpha h > 2.5$ 桩的计算。

2 系数 $A_i, B_i, C_i, D_i (i=1,2,3,4)$ 值,在计算 $\delta_{HH}^{(0)}, \delta_{MH}^{(0)}, \delta_{HM}^{(0)}, \delta_{MM}^{(0)}$ 时,根据 $\bar{h} = \alpha z$ 由本标准第 C.0.5 条查用;在计算 M_z 和 Q_z 时,根据 $\bar{h} = \alpha z$ 由本标准第 C.0.5 条查用;当 $\bar{h} > 0$ 时,按 $\bar{h} = 4$ 计算。

3 $k_h = \dfrac{C_0}{\alpha E} \times \dfrac{I_0}{I}$ 为因桩底转动,桩底底面土体产生的抗力对 $\delta_{HH}^{(0)}, \delta_{MH}^{(0)}, \delta_{HM}^{(0)}, \delta_{MM}^{(0)}$ 的影响系数。当桩底置于非岩石类土且 $\alpha h \geqslant 2.5$ 时取 $k_h = 0$。式中,$C_0 = m_0 xh$;I, I_0 分别为地面或局部冲刷线以下桩截面和桩底面积惯性矩,m_0 为桩底处的地基竖向抗力系数的比例系数。

4 n 为桩式桥墩上段抗弯刚度 $E_1 I_1$ 与下段抗弯刚度 EI 的比值，El 的计算见第 C.0.2 条。对于钢筋混凝土桩 $E_1 I_1 = 0.8 E_c I_1$，E_c 为桩身混凝土抗压弹性模量，I_1 为桩上段毛截面惯性矩。

5 q_1, q_2, q_3 和 q_4 为作用于桩上的土压力强度(kN/m)，若地面或局部冲刷线以上桩为等截面，h_2 取全高，$h_1 = 0$。

6 桩的入土深度 $h \geqslant 4/a$ 时，$z = 4/a$ 深度以下桩身截面作用效应可忽略不计。

7 当基础侧面地面或局部冲刷线以下 $h_m \geqslant 2(d+1)$ m(对 $ah \leqslant 2.5$ 的情况，取 $h_m = h$)深度内有两层土时，桩身实际最大弯矩可按下式进行修正：

$$M_{max} = \xi M_{zmax} \qquad (C.0.3\text{-}1)$$

式中：M_{zmax}——根据表 C.0.3 计算的桩身最大弯矩值；

M_{max}——桩身实际最大弯矩值；

ξ——最大弯矩修正系数，可按下式计算：

$$\begin{cases} \xi = \dfrac{2\delta}{\delta+2} \ \dfrac{h_1}{h_m} & \dfrac{h_1}{h_m} \leqslant \dfrac{1}{6}(\delta+2) \\[3mm] \xi = \dfrac{2\delta}{\delta-4} \ \dfrac{h_1}{h_m} + \dfrac{4+\delta}{4-\delta} & \dfrac{h_1}{h_m} > \dfrac{1}{6}(\delta+2) \end{cases} \qquad (C.0.3\text{-}2)$$

$$\delta = \frac{H_0}{H_0 + 0.1 M_0} \lg \frac{m_2}{m_1} \qquad (C.0.3\text{-}3)$$

式中，H_0 单位为 kN，M_0 单位为 kN・m。

C.0.4 $ah > 2.5$ 时，多排竖直桩承受桩顶荷载与桩侧面受压力时作用效应及位移可按表 C.0.4 计算。

表 C.0.4 桩顶受力与桩侧面受土压力的多排竖直桩计算用表

		(1)桩顶受力	(2)桩侧面受土压力
计算图示			
桩顶作用单位"力"时桩顶产生的变位	$H=1$ 作用时	水平位移 $\delta_{HH}=\dfrac{l_0^3}{3EI}+\delta_{MM}^{(0)}l_0^2+2\delta_{MH}^{(0)}l_0+\delta_{HH}^{(0)}$	$\delta_{HH}=\dfrac{l_0^3}{3EI}+\delta_{MM}^{(0)}l_0^2+2\delta_{MH}^{(0)}l_0+\delta_{HH}^{(0)}$
		转角（rad） $\delta_{MH}=\dfrac{l_0^2}{2EI}+\delta_{MM}^{(0)}l_0+\delta_{MH}^{(0)}$	$\delta_{MH}=\dfrac{l_0^2}{2EI}+\delta_{MM}^{(0)}l_0+\delta_{MH}^{(0)}$
	$M=1$ 作用时	水平位移 $\delta_{HM}=\delta_{MH}=\dfrac{l_0^2}{2EI}+\delta_{MM}^{(0)}l_0+\delta_{MH}^{(0)}$	$\delta_{HM}=\delta_{MH}=\dfrac{l_0^2}{2EI}+\delta_{MM}^{(0)}l_0+\delta_{MH}^{(0)}$
		转角（rad） $\delta_{MM}=\dfrac{l_0}{EI}+\delta_{MM}^{(0)}$	$\delta_{MM}=\dfrac{l_0}{EI}+\delta_{MM}^{(0)}$

— 64 —

	沿轴线单位位移时,桩顶产生的轴向力	$\rho_{PP} = \dfrac{1}{\dfrac{l_0 + \xi h}{EA} + \dfrac{1}{C_0 A_0}}$	$\rho_{PP} = \dfrac{1}{\dfrac{l_0 + \xi h}{EA} + \dfrac{1}{C_0 A_0}}$
任一桩顶发生单位变位时,桩顶产生的作用效应	垂直桩轴线方向单位位移时,桩顶产生的水平力	$\rho_{HH} = \dfrac{\delta_{MM}}{\delta_{HH}\delta_{MM} - (\delta_{MH})^2}$	$\rho_{HH} = \dfrac{\delta_{MM}}{\delta_{HH}\delta_{MM} - (\delta_{MH})^2}$
	垂直桩轴线方向单位位移时,桩顶产生的弯矩	$\rho_{MH} = \dfrac{\delta_{MH}}{\delta_{HH}\delta_{MM} - (\delta_{MH})^2}$	$\rho_{MH} = \dfrac{\delta_{MH}}{\delta_{HH}\delta_{MM} - (\delta_{MH})^2}$
	桩顶单位转角时,桩顶产生的水平力	$\rho_{HM} = \rho_{MH}$	$\rho_{HM} = \rho_{MH}$
	桩顶单位转角时,桩顶产生的弯矩	$\rho_{MH} = \dfrac{\delta_{HM}}{\delta_{HH}\delta_{MM} - (\delta_{MH})^2}$	$\rho_{MH} = \dfrac{\delta_{HM}}{\delta_{HH}\delta_{MM} - (\delta_{MH})^2}$
承台发生单位变位时,所有桩顶对承台作用"反力"之和	承台产生竖向单位位移时,桩顶竖向反力之和	$\gamma_{cc} = n\rho_{PP}$	$\gamma_{cc} = n\rho_{PP}$
	承台产生水平向单位位移时,桩顶水平反力之和	$\gamma_{aa} = n\rho_{HH}$	$\gamma_{aa} = n\rho_{HH}$

续表 C.0.4

承台发生单位变位时,所有桩顶对承台作用"反力"之和	承台绕原点 O 产生单位转角,桩顶水平反力之和或水平方向产生单位位移时,桩柱顶反弯矩之和	$\gamma_{\alpha\beta} = \gamma_{\beta\alpha} = -n\rho_{HM}$ $= -n\rho_{MH}$	$\gamma_{\alpha\beta} = \gamma_{\beta\alpha} = -n\rho_{HM} = -n\rho_{MH}$
	承台发生单位转角时,桩顶反弯矩之和	$\gamma_{\beta\beta} = n\rho_{MM} + \rho_{PP}\sum K_i x_i^2$	$\gamma_{\beta\beta} = n\rho_{MM} + \rho_{PP}\sum K_i x_i^2$
承台变位	竖直位移	$c = \dfrac{P}{\gamma_{cc}}$	$c = \dfrac{P}{\gamma_{cc}}$
	水平位移	$a = \dfrac{\gamma_{\beta\beta}H - \gamma_{\alpha\beta}M}{\gamma_{\alpha\alpha}\gamma_{\beta\beta} - (\gamma_{\alpha\beta})^2}$	$a = \dfrac{\gamma_{\beta\beta}(H - \sum Q_q) - \gamma_{\alpha\beta}(M - \sum M_q)}{\gamma_{\alpha\alpha}\gamma_{\beta\beta} - (\gamma_{\alpha\beta})^2}$
	转角(rad)	$\beta = \dfrac{\gamma_{\alpha\alpha}M - \gamma_{\alpha\beta}H}{\gamma_{\alpha\alpha}\gamma_{\beta\beta} - (\gamma_{\alpha\beta})^2}$	$\beta = \dfrac{\gamma_{\alpha\alpha}(M - \sum M_q) - \gamma_{\alpha\beta}(H - \sum Q_q)}{\gamma_{\alpha\alpha}\gamma_{\beta\beta} - (\gamma_{\alpha\beta})^2}$
桩顶作用效应	任一桩顶轴向力	$N_i = (c + \beta x_i)\rho_{PP}$	$N_i = (c + \beta x_i)\rho_{PP}$
	任一桩顶剪力	$Q_i = a\rho_{HH} - \beta\rho_{HM} = \dfrac{H}{n}$	$Q_i = a\rho_{HH} - \beta\rho_{HM}$ 直接承受土压力桩:$Q_i' = Q_i + Q_q$
	任一桩顶弯矩	$M_i = \beta\rho_{MM} - a\rho_{MH}$	$M_i = \beta\rho_{MM} - a\rho_{MH}$ 直接承受土压力桩:$M_i' = M_i + M_q$

续表 C.0.4

地面或局部冲刷线处桩顶截面上的作用"力"	水平力	$H_0 = Q_i$	$H_0 = Q_i$ 直扫承受土压力桩: $H'_0 = Q_i + Q_q + \left(\dfrac{q_1 + q_2}{2}\right) l_0$
	弯矩	$M_0 = M_i + Q_i l_0$	$M_0 = M_i + Q_i l_0$ 直接承受土压桩: $M'_0 = M_i + M_q + (Q_i + Q_q) l_0 + \left(\dfrac{2q_1 + q_2}{6}\right) l_0^2$
M_q 和 Q_q 由联立方程式求解		—	$M_{l_0} = M_q + Q_q l_0 + \left(\dfrac{q_1}{2!} + \dfrac{q_2 - q_1}{3!}\right) l_0^2$ $Q_{l_0} = Q_q + \left[q_1 + \dfrac{(q_2 - q_1)}{2!}\right] l_0$ $\dfrac{1}{EI}\left[\dfrac{M_q l_0^2}{2!} + \dfrac{Q_q l_0^3}{3!} + \dfrac{q_1 l_0^4}{4!} + \dfrac{(q_2 - q_1) l_0^4}{5!}\right]$ $= M_{l_0} \delta_{HM}^{(0)} + Q_{l_0} \delta_{HH}^{(0)}$ $\dfrac{1}{EI}\left[M_q l_0 + \dfrac{Q_q l_0^2}{2!} + \dfrac{q_1 l_0^3}{3!} + \dfrac{(q_2 - q_1) l_0^3}{4!}\right]$ $= -\left[M_{l_0} \delta_{MM}^{(0)} + Q_{l_0} \delta_{MH}^{(0)}\right]$

注:1 表中 δ_{HH}, δ_{MH}, δ_{HM} 和 δ_{MM} 的物理意义见图 C.0.4。

2 ξ——系数,对于端承桩,$\xi=1$;对于摩擦桩(或摩擦支承管桩),打入或振动下沉时 $\xi=2/3$;钻(挖)孔时,$\xi=1/2$。

A——入土部分桩的平均截面积。

A_0——按下列公式计算:

摩擦桩: $A_0 = \begin{cases} \pi\left(\dfrac{d}{2} + h\tan\dfrac{\bar{\varphi}}{4}\right)^2 \\ \dfrac{\pi}{4} s^2 \end{cases}$ 取小值;端承桩: $A_0 = \dfrac{\pi d^2}{4}$。

$\bar{\varphi}$——桩所穿过土层的平均内摩擦角。

S——桩底面中心距。

d——桩底面直径。

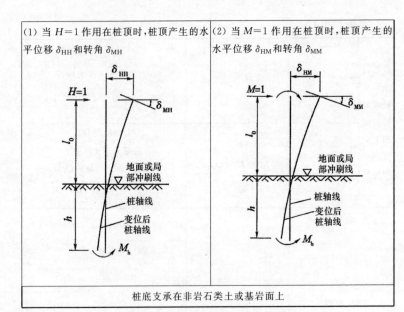

(1) 当 $H=1$ 作用在桩顶时,桩顶产生的水平位移 δ_{HH} 和转角 δ_{MH}	(2) 当 $M=1$ 作用在桩顶时,桩顶产生的水平位移 δ_{HM} 和转角 δ_{MM}
桩底支承在非岩石类土或基岩面上	

图 C.0.4　在荷载作用下桩的变形图

表 C.0.4 说明:

1　q_1、q_2 为作用于桩上的土压力强度。

2　承台底面坐标原点 O 位置的选择。当桩布置不对称时,原点 O 可任意选择;当桩布置对称时,选择于对称轴上,如表中所示。

3 当竖直桩布置不对称时的计算公式:

1)桩侧面不受土侧压力时、承台的竖向位移 c、水平位移 a、转角 β 由下列方程式联解求得:

$$c\gamma_{cc} + \beta\gamma_{c\beta} - P = 0$$

$$a\gamma_{aa} + \beta\gamma_{c\beta} - H = 0$$

$$a\gamma_{\beta a} + c\gamma_{\beta c} + \beta\gamma_{\beta\beta} - M = 0$$

2)桩侧面受土侧压力时,承台的竖向位移 c、水平位移 a、转角 β 由下列方程式联解求得:

$$c\gamma_{cc} + \beta\gamma_{c\beta} - P = 0$$

$$a\gamma_{aa} + \beta\gamma_{c\beta} - \left(H - \sum Q_q\right) = 0$$

$$a\gamma_{\beta a} + c\gamma_{\beta c} + \beta\gamma_{\beta\beta} - \left(M - \sum M_q\right) = 0$$

式中：$\gamma_{c\beta} = \gamma_{\beta c} = \rho_{PP}\sum K_i x_i$——分别为承台绕坐标原点 O 产生单位转角时，所有桩顶对承台作用的竖向反力之和，或承台产生单位竖向位移时所有桩顶对承台作用的反弯矩之和；

x_i——坐标原点 O 至各桩轴线的距离，原点 O 以右为正，以左为负；

$\sum Q_q \cdot \sum M_q$——直接承受土压力的各桩 Q_q 和 M_q 的总和。

C.0.5 本标准表 C.0.3 中，系数 A_i，B_i，C_i，D_i $(i=2,3,4)$ 值按表 C.0.5 确定。

表 C.0.5 计算桩身作用效应无量纲系数用表

$h = \alpha z$	A_1	B_1	C_1	D_1	A_2	B_2	C_2	D_2	A_3	B_3	C_3	D_3	A_4	B_4	C_4	D_4
0.0	1.00000	0.00000	0.00000	0.00000	0.00000	1.00000	0.00000	0.00000	0.00000	0.00000	1.00000	0.00000	0.00000	0.00000	0.00000	1.00000
0.1	1.00000	0.10000	0.00500	0.00017	0.00000	1.00000	0.10000	0.00500	-0.00017	-0.00001	1.00000	0.10000	-0.00500	-0.00033	-0.00001	1.00000
0.2	1.00000	0.20000	0.02000	0.00133	-0.00007	1.00000	0.20000	0.02000	-0.00133	-0.00013	0.99999	0.20000	-0.02000	-0.00267	-0.00020	0.99999
0.3	0.99998	0.30000	0.04500	0.00450	-0.00034	0.99996	0.30000	0.04500	-0.00450	-0.00067	0.99994	0.30000	-0.04500	-0.00900	-0.00101	0.99992
0.4	0.99991	0.39999	0.08000	0.01067	-0.00107	0.99983	0.39998	0.08000	-0.01067	-0.00213	0.99974	0.39998	-0.08000	-0.02133	-0.00320	0.99966
0.5	0.99974	0.49996	0.12500	0.02083	-0.00260	0.99948	0.49994	0.12499	-0.02083	-0.00521	0.99922	0.49991	-0.12499	-0.04167	-0.00781	0.99896
0.6	0.99935	0.59987	0.17998	0.03600	-0.00540	0.99870	0.59981	0.17998	-0.03600	-0.01080	0.99806	0.59974	-0.17997	-0.07199	-0.01620	0.99741
0.7	0.99860	0.69967	0.24495	0.05716	-0.01000	0.99720	0.69951	0.24494	-0.05716	-0.02001	0.99580	0.69935	-0.24490	-0.11433	-0.03001	0.99440
0.8	0.99727	0.79927	0.31988	0.08532	-0.01707	0.99454	0.79891	0.31983	-0.08532	-0.03421	0.99181	0.79854	-0.31975	-0.17060	-0.05120	0.98908
0.9	0.99508	0.89852	0.40472	0.12146	-0.02733	0.99016	0.89779	0.40462	-0.12144	-0.05466	0.98524	0.89705	-0.40443	-0.24284	-0.08198	0.98032
1.0	0.99167	0.99722	0.49941	0.16657	-0.04167	0.98333	0.99583	0.49921	-0.16652	-0.08329	0.97501	0.99445	-0.49881	-0.33298	-0.12493	0.96667
1.1	0.98658	1.09508	0.60384	0.22163	-0.06096	0.97317	1.09262	0.60346	-0.22152	-0.12192	0.95975	1.09016	-0.60268	-0.44292	-0.18285	0.94634
1.2	0.97927	1.19171	0.71787	0.28758	-0.08632	0.95855	1.18756	0.71716	-0.28737	-0.17260	0.93783	1.18342	-0.71573	-0.57450	-0.25886	0.91712
1.3	0.96908	1.28660	0.84127	0.36536	-0.11883	0.93817	1.27990	0.84002	-0.36496	-0.23760	0.90727	1.27320	-0.83753	-0.72950	-0.35531	0.87638
1.4	0.95523	1.37910	0.97373	0.45588	-0.15973	0.91047	1.36865	0.97163	-0.45515	-0.31933	0.86573	1.35821	-0.96746	-0.90754	-0.47883	0.82102
1.5	0.93681	1.46839	1.11484	0.55997	-0.21030	0.87365	1.45259	1.11145	-0.55870	-0.42039	0.81054	1.43680	-1.10468	-1.11609	-0.63027	0.74745

$h=\alpha z$	A_1	B_1	C_1	D_1	A_2	B_2	C_2	D_2	A_3	B_3	C_3	D_3	A_4	B_4	C_4	D_4
1.6	0.91280	1.55346	1.26403	0.67842	-0.27194	0.82565	1.53020	1.25872	-0.67629	-0.54348	0.73859	1.50695	-1.24808	-1.35042	-0.81466	0.65156
1.7	0.88201	1.63307	1.42061	0.81193	-0.34604	0.76413	1.59963	1.41247	-0.80848	-0.69144	0.64637	1.56621	-1.39623	-1.61340	-1.03616	0.52871
1.8	0.84313	1.70575	1.58362	0.96109	-0.43412	0.68645	1.65867	1.57150	-0.95564	-0.86715	0.52997	1.61162	-1.54728	-1.90577	-1.29909	0.37368
1.9	0.79467	1.76972	1.75090	1.12637	-0.53768	0.58967	1.70468	1.73422	-1.11796	-1.07357	0.38503	1.63969	-1.69889	-2.22745	-1.60770	0.18071
2.0	0.73502	1.82294	1.92402	1.30801	-0.65822	0.47061	1.73457	1.89872	-1.29535	-1.31361	0.20676	1.64628	-1.84818	-2.57798	-1.96620	-0.05652
2.2	0.57491	1.88709	2.27217	1.72042	-0.95616	0.15127	1.73110	2.22299	-1.69334	-1.90567	-0.27087	1.57538	-2.12481	-3.35952	-2.84858	-0.69158
2.4	0.34691	1.87450	2.60882	2.19535	-1.33889	-0.30273	1.61286	2.51874	-2.14117	-2.66329	-0.94885	1.35201	-2.33901	-4.22811	-3.97323	-1.59151
2.6	0.033146	1.75473	2.90670	2.72365	-1.81479	-0.92602	1.33485	2.74972	-2.62126	-3.59987	-1.87734	0.91679	-2.43695	-5.14023	-5.35541	-2.82106
2.8	-0.38548	1.49037	3.12843	3.28769	-2.38756	-1.175483	0.84177	2.86653	-3.10341	-4.71748	-3.10791	0.19729	-2.34558	-6.02299	-6.99007	-4.44491
3.0	-0.92809	1.03679	3.22471	3.85838	-3.05319	-2.82410	0.06837	2.80406	-3.54058	-5.99979	-4.68788	-0.89126	-1.95928	-6.76460	-8.84029	-6.51972
3.5	-2.92799	-1.27172	2.46304	4.97982	-4.98062	-6.70806	-3.58647	1.27018	-3.91921	-9.54367	-10.34040	-5.85402	1.07408	-6.78895	-13.69240	-13.82160
4.0	-5.85333	-5.94097	-0.92677	4.54780	-6.53316	-12.15810	-10.60840	-3.76647	-1.61428	-11.73066	-17.91860	-15.07550	9.24368	-0.35762	-15.61050	-23.14040

注:z 为自地面或最大冲刷线以下的深度。

C.0.6 $\alpha h \leqslant 2.5$ 时，桩基础的水平位移及作用效应可按表 C.0.6 计算。

表 C.0.6 刚性桩水平位移及作用效应计算方法表

	(1) 水平力 H 与偏心竖向力 N 共同作用时	(2) 仅有偏心竖向力 N 作用时
计算图示	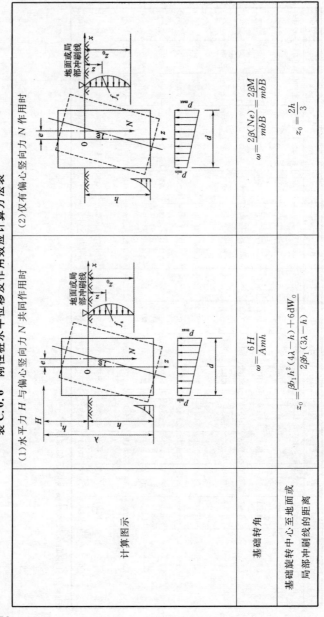	
基础转角	$\omega = \dfrac{6H}{Amh}$	$\omega = \dfrac{2\beta(Ne)}{mbB} = \dfrac{2\beta M}{mbB}$
基础旋转中心至地面或局部冲刷线的距离	$z_0 = \dfrac{\beta b_1 h^2(4\lambda-h)+6dW_0}{2\beta b_1(3\lambda-h)}$	$z_0 = \dfrac{2h}{3}$

续表 C.0.6

地面或局部冲刷线以下深度 z 处基础截面上的弯矩	$M_z = H(\lambda - h + z) - \dfrac{Hb_1 z^3}{2hA}(2z_0 - z)$	$M_z = M_1 - \dfrac{\beta M_1 z^3}{6Bh}(2z_0 - z)$
地面或局部冲刷线以下深度 z 处基础侧面水平压力	$p_z = \dfrac{6H}{Ah}z(z_0 - z)$	$p_z = \dfrac{2\beta M}{Bh}z(z_0 - z)$
基础底面竖向压力	$p_{\min}^{\max} = \dfrac{N}{A_0} \pm \dfrac{3dH}{A\beta}$	$p_{\min}^{\max} = \dfrac{N}{A_0} \pm \dfrac{dM}{B}$
表内系数	$A = \dfrac{\beta b_1 h^3 + 18dW_0}{2\beta(3\lambda - h)}$; $B = \dfrac{1}{18}\beta b_1 h^3 + d \cdot W_0$; $\beta = \dfrac{mh}{c_0} = \dfrac{mh}{m_0 h} = \dfrac{m}{m_0}$; $\lambda = \dfrac{\sum M}{H}$	

注：

β —— 深度 h 处基础侧面的地基系数与基础底面土的地基系数之比；

$\lambda = (\sum M)/H$ —— 地面或局部冲刷线以上所有水平力和竖向力总弯矩对基础底面重心的总弯矩与水平合力之比；

d —— 水平力作用面（垂直于水平作用方向）的基础直径或宽度；

W_0 —— 基础底面边缘弹性抵抗矩；

b_1 —— 基础的计算宽度，按 C.0.1 条计算；

A_0 —— 基础底面积；

N —— 基础底面处竖向力；

e —— 基础底面处竖向力偏心距；

M —— 基础底面处竖向力偏心弯矩；

N_1 —— 基础底 z 深处的竖向力；

M_1 —— 由竖向力 N_1 在基础 z 深度处产生的偏心弯矩，$M_1 = N_1 e_1$，e_1 为深度 z 处的 N_1 偏心距。

C.0.7 $\alpha h \leqslant 2.5$ 时,墩台顶面水平位移计算按下式计算。

$$\Delta = k_1 \omega z_0 + k_2 \omega l_0 + \delta_0 \qquad (C.0.7)$$

式中:l_0——地面或局部冲刷线至墩台顶面的高度;

δ_0——在 l_0 范围内墩台身与基础变形产生的墩台顶面水平位移;

k_1,k_2——考虑基础刚度影响的系数,按表 C.0.7 采用。

表 C.0.7　k_1,k_2 系数

换算深度 $\bar{h}=\alpha h$	系数	λ/h				
		1	2	3	5	∞
1.6	k_1	1.0	1.0	1.0	1.0	1.0
	k_2	1.0	1.1	1.1	1.1	1.1
1.8	k_1	1.0	1.1	1.1	1.1	1.1
	k_2	1.1	1.2	1.2	1.2	1.3
2.0	k_1	1.1	1.1	1.1	1.1	1.2
	k_2	1.2	1.3	1.4	1.4	1.4
2.2	k_1	1.1	1.2	1.2	1.2	1.2
	k_2	1.2	1.5	1.6	1.6	1.7
2.4	k_1	1.1	1.2	1.3	1.3	1.3
	k_2	1.3	1.8	1.9	1.9	2.0
2.5	k_1	1.2	1.3	1.4	1.4	1.4
	k_2	1.4	1.9	2.1	2.2	2.3

注:1　$\alpha h < 1.6$,$k_1 = k_2 = 1.0$。

　　2　当仅有偏心竖向力作用时,$\lambda/h \rightarrow \infty$。

本标准用词说明

为便于在执行本标准条文时区别对待，对要求严格程度不同的用词用语说明如下：

1）表示很严格，非这样做不可的用词：

正面词采用"必须"；

反面词采用"严禁"。

2）表示严格，在正常情况下均应这样做的用词：

正面词采用"应"或"应该"；

反面词采用"不应"或"不得"。

3）表示允许稍有选择，在条件许可时首先应这样做的用词：

正面词采用"宜"；

反面词采用"不宜"。

4）表示有选择，在一定条件下可以这样做的用词，采用"可"。

引用标准名录

1 《土工试验方法标准》GB/T 50123
2 《城市防洪工程设计规范》GB/T 50805
3 《海堤工程设计规范》GB/T 51015
4 《防洪标准》GB 50201
5 《堤防工程设计规范》GB 50286
6 《土工合成材料应用技术规范》GB 50290
7 《水利水电工程地质勘察规范》GB 50487
8 《水工建筑物抗震设计标准》GB 51247
9 《水利建设项目经济评价规范》SL 72
10 《水利水电钢闸门设计规范》SL 74
11 《堤防工程管理设计规范》SL 171
12 《堤防工程地质勘察规程》SL 188
13 《水工混凝土结构设计规范》SL 191
14 《水利水电工程测量规范》SL 197
15 《水利水电工程等级划分及洪水标准》SL 252
16 《堤防工程施工规范》SL 260
17 《水闸设计规范》SL 265
18 《水利水电工程水文计算规范》SL 278
19 《水利水电工程施工组织设计规范》SL 303
20 《水工挡土墙设计规范》SL 379
21 《水工混凝土施工规范》SL 677
22 《水利水电工程安全监测设计规范》SL 725
23 《水工建筑物荷载设计规范》SL 744
24 《地基基础设计标准》DGJ 08－11

25 《岩土工程勘察规范》DGJ 08－37

26 《建筑基桩检测技术规程》DGJ 08－218

27 《地基处理技术规范》DG/TJ 08－40

28 《水利工程施工质量检验与评定标准》DG/TJ 08－90

29 《滩涂促淤圈围造地工程设计规范》DG/TJ 08－2111

上海市工程建设规范

防汛墙工程设计标准

DG/TJ 08－2305－2019
J 14947－2019

条 文 说 明

2020　上海

目　次

Contents

1 总　则

1.0.1　防汛墙是上海市的主要防汛设施,上海市尚未针对防汛墙制定专门的设计标准。目前国内与防汛墙工程有关的主要设计规范有国家标准《堤防工程设计规范》GB 50286、《水工挡土墙设计规范》SL 379、《城市防洪工程设计规范》GB/T 50805 和上海市工程建设规范《地基基础设计标准》DGJ 08－11 等。上述标准要么是立足于全国,较难照顾到上海的地域特点;要么是通用性较强,难以体现防汛墙的特色。

为了规范相关工作,上海市水务局于 2010 年 6 月发布了《上海市黄浦江防汛墙工程设计技术规定(试行)》,作为黄浦江防汛墙工程建设、管理和维修项目评估的参考依据。另外,上海市水务局和防汛主管部门先后以文件形式下发了《上海市水务局关于发布〈上海市装卸作业岸段防汛墙加固改造暂行规定〉的通知》《上海市水务局关于印发〈关于苏州河防汛墙改造工程结构设计的暂行规定(修订)〉的通知》等,对黄浦江、苏州河等防汛墙设计作了一些规定。这些规定初步解决了上海防汛墙工程设计上标准不一的问题,但仍缺乏系统性,迫切需要制定符合上海地方特点、操作性强的防汛墙工程设计标准。为此,制定本标准。

1.0.2　防汛墙是上海地区对具有挡水挡土防汛功能的墙式水工建筑物的习惯性称谓。由于建设年代跨度较大、建设标准不一,防汛墙的断面形式种类繁多,砌石结构、素混凝土结构、钢筋混凝土结构以及各种材料的混合体结构均有,甚至还有砖砌体结构;基础处理包括天然地基、扩大基础、换填基础、桩基等多种形式。由于城市建设需要,或由于年久失修、结构薄弱,大量的防汛墙急需除险加固或重建新建。近年来,上海市每年投入数亿元的资金用于黄浦江、苏州河等防汛墙的维修加固。上海市分布有大量的防汛墙结构,建设最早、分布最广、防汛功能最为突出的是黄浦江(包括干流及上游支流)、苏州河防汛墙。上海市规划有 14 个水利分片,浦南西片、商塌片是杭嘉湖地区涝水东排黄浦江的过境通道,两个片区内掘石港、六里塘等 50 多条河道属于流域泄洪河道,设置有防汛墙或堤防。淀浦河、蕴藻浜、桃浦河等属于片外河道,两岸设置防汛墙。此外,大治河、虹口港等片内骨干河道上也分布有大量的防汛墙结构。因此,上述河道范围内的防汛墙设计适用于本标准。其余片内中小河道的防汛墙,或采用护岸与土堤结合的堤防,在技术条件相同的情况下也可适用。上海市海塘及长江江堤可按照现行上海市工程建设规范《滩涂促淤圈围造地工程设计规范》DG/TJ 08-2111 及相应设计规范执行。

1.0.3 防汛墙工程是上海市防汛体系的重要组成部分,与城市总体规划及市政交通、园林绿化、港口航道等专业规划密切相关,其建设不仅要满足上位规划,还需要与相关专业规划相协调,达到空间共享,发挥综合效益。

1.0.4 随着社会经济的发展,人们对河道的生态与环境,对河岸的亲水性与景观等提出了越来越高的要求,人水和谐的理念越来越受到人们的重视,防汛墙工程不仅需满足防汛的功能要求,还需兼顾生态、环境和景观的要求。

1.0.5 随着科学技术的不断进步,新技术、新工艺、新材料不断涌现,本条对防汛墙工程中采用新技术、新工艺、新材料作了原则性规定。本标准也按照这一原则编写,对于近年来采用较多且基本成熟的组合式防汛墙体系、信息化监测和管理等新技术,本标准采纳并收入在内;对于曾尝试过的钢化玻璃透明景观防汛墙等新工艺、新材料,由于案例较少,尚不成熟,故未纳入本标准。

1.0.6 防汛墙工程涉及水利、市政交通、港口航道、环境绿化等多个部门和行业,对于有特殊要求的防汛墙工程还要执行相关行业技术标准。因此,本条规定上海市防汛墙工程的规划、设计、施工和监测除应符合本标准外,尚应遵循国家和上海市现行有关技术标准的规定。对国家出台的关于环境保护、节能减排和水土保持等方面的规定和要求在建设中应遵照执行。

2 术 语

2.0.1 参考《上海市防汛工作手册》,在上海地区,黄浦江干支流的堤防通常分市区和郊区两部分,市区段堤防习惯称防汛墙,郊区段堤防习惯称江堤。另外,根据《上海市黄浦江防汛墙设计规定》《上海市黄浦江防汛墙保护办法》,"黄浦江防汛墙"定义为"在黄浦江沿岸具有挡潮防洪能力的城市堤防设施,主要由桩基、承台、墙身、护坡及防汛闸门等主体结构和防汛通道、监测设施、栏杆、照明等配套、附属设施组成"。综上分析确定防汛墙定义。

2.0.4 河道蓝线是水务部门依法行政、指导河道建设和管理的重要依据,也是工程建设用地定界依据之一。

3 基本资料

3.1 气象与水文

3.1.1 本条规定的水位、潮汐等是防汛墙工程设计中普遍需要的基本资料,包括设计河段历史记录潮(水)位资料,其他资料应根据设计需要,有针对性地搜集。如:大江大河和湖区的防汛墙,需要收集风浪资料;防汛墙前抗冲性能较弱的,或墙前水位受径流、潮汐等影响较大的,需要收集江河流速资料;上海地区在春夏季降雨较为集中,需要收集施工期的降雨资料。

潮(水)位需满足确定防汛墙顶高程、核算防汛墙稳定以及江河湖水位变动区防护上下限等方面设计和计算的要求。

3.1.2 上海市水利治理的总体格局是实行分片综合治理,河道被分为水利分片的片内水系和片外水系,片内水系的水情可以进行人工调控。

根据《上海市防洪除涝规划(2017-2035)》,水利片除涝标准为20(30)年一遇,采用最大24h面暴雨量作为规划和设计依据,上海市14个水利分片示意图见图1,各水利分片20(30)年一遇最大24h面雨量及河道特征水位见表1。

W E
S

崇明岛片

长兴岛片
横沙岛片

长江口

嘉宝北片

蕰南片

淀北片

商榻片
太北片
青松片

淀南片

浦东片

太南片

浦南西片
浦南东片

杭州湾

0 4.759.5   19   28.5
km

图 1   上海市 14 个水利分片示意

表 1　上海市各水利片不同重现期的

最大 24h 面雨量及特征水位

序号	水利片	最大 24h 面雨量(mm)		河道特征水位(m)		
		20 年一遇	30 年一遇	面平均除涝最高水位	面平均预降最低水位	面平均常水位
1	浦东片(北)	204.8	223.2	3.75	2.0	2.5~2.8
	浦东片(南)	201.1	222.5			
2	嘉宝北片	/	222.5	3.8	2.0	2.5~2.8
3	蕰南片	/	224.5	4.44	2.0	2.5~2.8
4	淀北片	/	223.2	3.8	2.0	2.5~2.8
5	淀南片	/	218.3	3.6	2.0	2.5~2.8
6	青松片	192.9	/	3.5	1.8	2.5~2.8
7	浦南东片	192.9	/	3.75	2.0	2.5~2.8
8	浦南西片	190.5	/	属于敞开片,一线设圩		
9	太北片	180.6	/	3.3	2.5	2.5~2.8
10	太南片	180.6	/	2.8	2.0	2.4~2.6
11	商榻片	180.6	/	属于敞开片,一线设圩		
12	崇明岛片	196.9	/	3.75	2.1	2.5~2.8
13	长兴岛片	198.9	/	2.7	1.7	2.2~2.3
14	横沙岛片	198.9	/	2.7	1.7	2.2~2.3

注:表中浦东片主城区范围为 30 年一遇。

3.1.3　工程所处的地区水系、水域分布和治理情况等资料是防汛墙布置、结构设计、地基处理以及河岸防护等的重要依据。

3.2　工程地形

3.2.1　本条参考现行国家标准《堤防工程设计规范》GB 50286 和现行行业标准《水利水电工程测量规范》SL 197 的相关规定,结合上海地区防汛墙工程设计需要而制定。初步设计一般采用一年以内的测图,施工图设计一般可采用初设阶段测量成果;如果测量时间距施工图设计时间超过一个汛期或预计有不可忽视的冲淤变化时,施工图设计阶段宜复测水下断面,当冲刷范围较大或较深时应复测水下地形。

地形图一般可以在现有的市区、郊区地形图 1∶500～1∶2000 的基础上进行修测;对沿线地形较为复杂的,为选定防汛墙岸线、核算工程量以及统计挖压拆迁量,地形图比例尺宜用1∶500～1∶1000;对交叉建筑物,地形图比例尺宜采用 1∶200～1∶500。带状地形图的宽度需要满足设计(包括防汛墙保护范围、墙后土堤防渗及墙前护坡工程范围)及管理的要求。

横断面图的间距除不同设计阶段有不同精度要求外,通常还应在防汛墙的曲线段以及地形、地质变化较大处,以及交叉建筑物处增加横断面图。

3.3 工程地质

3.3.2 防汛墙走向转折及结构形式变化处应布置勘探孔,当河口宽度不大时,纵剖面孔间距综合利用两岸交叉勘探孔。当相对透水层或软土层较厚时,孔深应适当加深并能满足渗流、稳定与沉降分析的要求。

3.4 其他相关资料

3.4.2 相关规划包括流域规划、城市总体规划、控制性详细规划、水务专业规划以及河道蓝线等。

3.4.3 市政交通、港口航道应收集现状、规划及保护要求等资料。

4 设计标准

4.1 防洪(潮)标准及级别

4.1.1 上海对潮水不设防的历史结束于 1956 年,经过 1962 年、1974 年、1981 年等多次台风、高潮的袭击,经历了多次决口受淹到新建加高的过程,1984 年水利部批准上海市城市防洪标准为千年一遇。从 1988 年开始,在黄浦江两岸的市区内修建 208km 的防汛墙,2002 年开始,上海市又陆续在宝山、徐汇、闵行、奉贤和浦东新区等 5 个区,建设长度约 110km 的防汛墙,这些防汛墙均按照 1984 年批准的防洪标准进行建设。根据近年来的统计数据以及实际出现的高潮位,上海市市区段目前的防洪标准已不足千年一遇,考虑到目前仍没有明确的新千年一遇防洪水位标准,黄浦江河口建闸也已进入规划选址阶段,因此,本标准仍然采用水利部批复的 1984 年防洪标准。

4.2 安全加高及墙顶高程

4.2.1 根据上海市水务局 2017 年 1 号文和黄浦江、苏州河等其他河道防汛墙的建设情况,目前上海市基本均采用了允许越浪的安全加高值,设计人员可根据实际情况选用允许越浪和不允许越浪标准进行设计。

4.2.2 当河湖水面宽度超过一定范围后,宜进行波浪计算。根据对多条河道、湖泊的分析计算复核,建议对宽度大于 100m 的河道进行波浪计算。

4.3 安全系数

4.3.2 根据《上海市黄浦江防汛墙工程设计技术规定》，黄浦江市区段防汛墙整体稳定性的安全系数 K_c 为 1.430～1.375，当新建、重建时取大值，当加高加固时取小值，规定中的地基土抗剪强度指标取直剪固快峰值强度指标的平均值。而国家标准《堤防工程设计规范》GB 50286－2013 中地基土的抗剪强度指标取直剪固快小值强度指标的平均值。二者之间并没有直接的线性关系，本次为了和国家标准统一，采用了国家标准《堤防工程设计规范》GB 50286－2013 中的安全系数。

5 平面布置及结构设计

5.2 平面布置

5.2.1 部分河道局部河段景观和亲水要求较高,需要在防汛墙外侧设置亲水区域,应满足规划和相关规范要求,并在防汛安全、通航及维护管理等方面作充分论证,设置防汛闸门等控制措施,以保障防汛安全。

5.2.3 部分河道,特别是通航河道,因支河防护不足,干河的波浪引起支河口护岸冲刷破坏,影响支河堤防及防汛墙的安全,应分析其影响范围,增加支河口的防护。

5.2.4 在支河口、码头、专用岸段、桥梁段、桥梁两侧以及河道断面变化处,水流变化较大,易引起局部冲刷,一方面要求岸线平顺,另一方面,在冲刷影响范围增加河道防护。

5.2.5 河道沿线涉河建筑物(包括穿河、跨河和沿线)与防汛墙建设、安全运行相互影响较大,因此,在规划和建设时,应统筹安排,有条件时,应尽量先行实施到位。

5.3 断面结构

5.3.1 多级防汛墙各级挡墙之间的土体,也是防汛墙结构的组成部分,应满足边坡渗透及整体稳定、防冲刷等要求。

5.3.2 采用桩基础时,承台底面在地基表面以上的桩基承台一般称为高桩承台,位于地基表面以下称为低桩承台。在受力计算时,低桩承台除了桩基承担上部荷载,地基可承受部分竖向荷载和水平荷载,而高桩承台的所有荷载均由桩基承担。在第 1.0.2

条的条文说明中已增加采用护岸与土堤结合形式的防汛墙,可参照本标准执行。

在防汛墙结构设计中,涉及基础处理,尤其桩基础设计时,断面结构图中须画出所在地勘探钻孔的土质剖面柱状图(与结构图同比例表示);对河道防汛墙结构展示"全断面设计"。

设计时,应对河段两岸的防汛墙与沿线关系表达更全面。

1 断面范围:两侧陆域控制线的衔接生态系统,如种植绿线、规划红线(道路、围墙、住宅)及基本农田控制范围。

2 表示陆域控制范围与外侧的衔接关系,与规划绿线、红线关系。

3 河床泥面线与设计疏浚泥面线。

4 河道两岸分属处于不同行政区时,两岸防汛墙设计断面应综合考虑,而不能只反映单岸建设方的使用管理要求。

5.3.4 重力式防汛墙采用浆砌块石或素混凝土墙身时,顶宽不应小于 500mm~600mm;浆砌块石墙极易出现块石孔隙充填不密实或砂浆脱落,形成漏水漏土通道,在墙顶高于墙后地坪地段,不应采用。

其他防汛墙形式还有框格式挡墙等,见图 2。

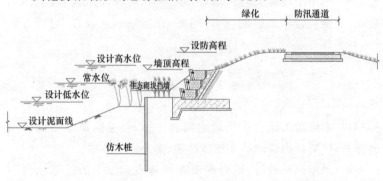

图 2 框格式挡墙结构示意

5.3.5～5.3.6 在国家标准《堤防工程设计规范》GB 50286－2013 第 7.2.4 条、7.2.5 条中相关内容均为强制性条文,本标准也按此执行。

黏性土做标准击实试验,按国家标准《土工试验方法标准》GB/T 50123－1999 中规定的轻型击实试验方法进行。

非黏性土做相对密度试验,按国家标准《土工试验方法标准》GB/T 50123－1999 中规定的方法进行。

5.3.8 不同防汛墙结构断面之间以及相同断面尺寸相差较大时,或者地质条件有较大变化时,应重视防汛墙的衔接设计,以防渗透破坏。

5.3.9 航道内墙前防护措施还应征询航道部门意见。

5.4 构造要求

5.4.2 黄浦江与苏州河洪水位较高,而地面高程又较低,防汛墙存在反向倒灌隐患,不仅不能设排水孔,还应考虑反向防渗透破坏的措施。

5.4.3 为保证钢板桩桩顶连接,应在桩顶焊接足够的锚筋。防汛墙顺水流方向受力不均匀时,墙顶是薄弱环节,宜适当加强。

5.4.6 为收集堤顶防汛通道及陆域范围线之内的堤顶雨水,应设置堤顶(或防汛道路两侧)集(排)水沟、沉淀池和排水口等排水设施,以免暴雨径流漫堤冲蚀堤坡及岸墙。

5.5 加固与改造设计

5.5.3 加固防汛墙采取在原砌石墙临水面加钢筋混凝土贴面或采取扶壁措施时,应将原墙面凿毛,采用植筋连接;加固钢筋混凝土墙体时,应将老墙体临水面碳化层凿除,新增加钢筋与原墙体钢筋应焊接牢固。新增混凝土层厚度不应小于 200mm。

5.5.4 设防高程不足时,在稳定、强度等计算满足要求,在堤顶增设防汛墙或将防汛墙加高时,为保证安全,对于钢筋混凝土墙身宜采用墙顶凿出钢筋焊接接高,对于浆砌块石或素混凝土墙身重力式墙身,宜植筋后再接高。

5.6 防汛闸门

5.6.2 黄浦江与苏州河的防汛闸门底槛高程应不低于防汛警戒水位。

6 桩基及地基处理

6.1 一般规定

6.1.1 地基基础是防汛墙工程的重要组成部分,防汛墙基础设计不仅需满足结构强度和稳定性要求,还需确保其耐久性与上部结构相适应。上海地区为典型软土地区,防汛墙沉降及水平位移将影响其正常使用及防御标准,在进行地基基础设计时需对沉降及水平位移变形进行有效控制。

6.1.3 防汛墙工程需复核地基整体稳定、承载力、变形、抗渗和抗液化等方面安全性,如天然地基无法全部满足要求时,可采用桩基或地基处理的方式,采取何种处理方式应根据具体情况进行分析确定,可采用一种或多种组合处理方式来满足设计要求。

6.1.4 地基中的不良地质条件及周边环境将对桩基或地基处理方法的选取造成较大限制,为确保桩基及地基处理效果及减小桩基及地基处理对周边环境的影响,在确定桩基及地基处理方案前应探明地基中的不良地质条件和周边环境。

6.2 桩基础

6.2.1 防汛墙工程最为常用的桩型有混凝土预制桩(包括方桩、板桩)和钻孔灌注桩。预应力桩包括预应力管桩、预应力空心方桩、预应力U形板桩等,上海地区防汛墙工程中对预应力U形板桩及预应力管桩已有较多应用。钢板桩多为弱挤土桩型,施工期间较预制板桩或预应力板桩环境影响小,在环境保护要求相对较高的地方,经常作为替代桩型使用。桩基础占防汛墙工程总体投资比例较大,桩基选型的合理性直接关系到工程安全性、施工可行性及工程造价,方案设计时需根据多因素进行综合比选确定。

6.2.2 布置叉桩或斜桩能利用桩的轴向承载力抵抗水平力,使水平力作用下的弯矩减小,对结构抗震和减小结构水平位移也有利,从经济技术上考虑是合理的。

6.2.3 灌注桩排桩之间的净距不宜小于 150mm,不然施工质量较难保证。排桩间最大净距应根据桩径及土性分析确定,黏性土中排桩的中心距不宜大于桩直径的 2.0 倍,流塑性土层其桩间距应适当减小。

对于直接临水的灌注桩排桩结构,如不设置防冲结构,灌注桩间土易受淘刷,造成其后侧截渗帷幕结构直接临水,水泥土搅拌桩或高压旋喷桩长期受水侵蚀易出现软化酥化,影响结构耐久性。预制板(桩)、钢板桩与排桩之间的净距不宜小于 150mm。

6.2.4 管桩与承台连接方式可参照国家建筑标准设计图集《预应力混凝土管桩》10G409 的相关要求执行。

6.2.5 预制桩的接头是桩基础的薄弱环节,长期承受拉力、弯矩能力较差。因此,接头位置应尽量设在桩身计算弯矩较小处,并采取错开布置。

板桩结构主要依靠凹凸隼槽进行导向及定位,一定的隼槽尺寸有利于确保沉桩效果,减小施工期间脱隼概率。

钢桩在临水环境下易受腐蚀,需采取相关措施才能达到设计使用年限的要求。桩基础作为防汛墙的重要组成部分,其自身设计使用年限需满足防汛墙设计使用年限要求。

在海水环境中,钢桩的单面年平均腐蚀速度可参照表 2。

表 2　海水环境中钢桩年平均腐蚀速度

所处环境	年平均腐蚀速度(mm/年)
大气区	0.05~0.10
浪溅区	0.20~0.50
水位变动区、水下区	0.12~0.20
泥下区	0.05

注:1　表中年平均腐蚀速度适应于 pH=4~10 的环境下;对有严重污染的环境,应适当增大。

　　2　对水质含盐量层次分明的河口或年平均气温高、波浪大和流速大的环境,其对应部位的年平均腐蚀速度应适当增大。

6.2.6　在坡地及岸边进行桩基施工时,需充分注意沉桩施工对边坡稳定造成的不利影响。近年来,上海地区出现过多次在岸边沉桩引起边坡失稳滑坡的现象,造成不利的社会影响及较大的经济损失。对于坡地、岸边的桩基,施工中应采取有利于边坡稳定的施工方法和施工程序。在边坡附近打桩时,宜采用重锤轻打、钻孔取土打桩、间隔跳打等方法。施工期间应加强监测,如发现边坡有失稳迹象时,可采取削坡、坡顶减载、坡脚压载、暂停打桩、加设防滑板或防滑桩,降低产生滑动力矩的地下水位等措施。

6.2.7　预制桩沉桩期间对周边影响主要有振动、噪声及挤土效应,桩基施工前需对上述影响进行评估,确保桩基施工不影响到周边环境。根据相关研究,沉桩振动及挤土主要影响范围为 1.5 倍~2 倍桩长范围。

6.2.9　桩基检测可根据现行上海市工程建设规范《地基基础设计标准》DG/TJ 08-11 和《水利工程施工质量检验与评定标准》DG/TJ 08-90 的相关规定要求执行。

6.3　地基处理

6.3.3　换填法适用于处理各类浅层软弱地基,将基础底面下处理范围内的软弱土层部分或全部挖除,然后分层换填强度大、性能稳定、无侵蚀性材料,并压实至设计要求的密实度为止。

防汛墙地基一般位于水下,换填材料需考虑在水下环境的稳定性。对于有防渗要求的防汛墙,需考虑换填基础的渗透稳定性。

6.3.4 注浆法的原理是用压力泵把水泥或其他化学浆液注入土体,以达到防渗、堵漏或加固的目的。这类方法使用方便灵活,在上海地区有较大的实用性。它适用于处理砂土、粉性土、黏性土和一般填土层。一般填土层指杂填土、素填土和冲填土地基。对于淤泥质土或有机质含量较高的土,采用注浆法往往较难起到较好的效果,需慎重使用。防汛墙工程注浆一般仅用作堵局部渗漏处理,用作地基加固时一般只作为安全储备。

若注浆点的覆土厚度小于 2m,在注浆期间易产生"冒浆"现象,对于压密注浆,覆土浅也不利于周边土体的挤密,影响注浆效果。注浆孔布置需根据注浆有效范围进行确定,满足相互重叠搭接。

6.3.5 高压喷射注浆使用的压力大,因而喷射流的能量大、速度快。实践表明,高压喷射注浆对淤泥、淤泥质土、流塑或软流塑黏性土、粉土、砂土、素填土等地基都有良好的处理效果。对于硬黏性土、含有较多的块石或大量植物根茎的填土,以及含有过多有机质的土层,应根据现场试验结果确定其适用程度。

当旋喷桩需要相邻桩相互搭接形成整体以及用于挡水工程时,应考虑施工中垂直度误差等,设计桩径相互搭接不宜小于 300mm。

6.3.6 水泥土搅拌法根据施工方法的不同,可分为水泥浆搅拌和粉体喷射搅拌两种。前者是用水泥浆和地基土搅拌,后者是用水泥粉和地基土搅拌。根据上海地区的经验和教训,粉体喷射搅拌(干法)在地基处理中应慎用。

多头小直径水泥土搅拌桩多用于堤基防渗。

存在流动地下水的饱和松散砂土中施工水泥土搅拌法,固化剂在尚未硬结时易被流动的地下水冲掉,加固效果受影响,施工质量较难控制。

上海地区多数水泥掺入比采用10%~15%,当采用三轴搅拌桩时,水泥掺入比可达到20%以上。

6.3.7 树根桩施工机械较小,可在施工作业面比较狭窄的地方进行施工作业。

树根桩最常用直径在200mm左右,外国工程报道较多采用100mm,上海地区个别工程基础加固的树根桩直径可达到500mm,较为常用的范围为150mm~400mm。

根据工程经验,树根桩施工采用二次压浆工艺时,桩的极限摩阻力可提高30%~50%。

树根桩施工质量较难保证,常用于建筑物的围护,不能替代防汛墙的桩基础使用。

6.3.8 地基处理检测可根据现行上海市工程建设规范《地基处理技术规范》DGJ 08-40 和《水利工程施工质量检验与评定标准》DG/TJ 08-90 的相关规定要求执行。

7 设计计算

7.1 一般规定

7.1.1 防汛墙的稳定计算一般包括渗透稳定计算、地基承载力计算、抗滑稳定计算、地基整体稳定计算、地基沉降计算以及根据防汛墙的不同结构形式所必须进行的其他方面的计算。对于空箱防汛墙,由于空箱兼作其他用途,空箱内未填满土,需计算抗浮稳定。防汛墙稳定可手算或采用相关验证过的软件(如理正岩土等)计算。

7.1.2 防汛墙的稳定计算与地基条件、墙后填筑料、结构布置、周边环境及施工方法等有关,对于不同的地基条件、不同的结构布置,防汛墙的稳定计算方法也不同;如果施工方法(墙前水位与墙后填土时机)不同,稳定计算的条件也不同。

上海地区黄浦江等河道防汛墙受潮水及风浪作用较大,墙前滩地可能被冲刷,基础埋深减少,防汛墙基础地基承载力降低,同时墙前土体被动压力减少,防汛墙的抗滑能力降低。黄浦江等河道水面较宽,同时为航道,在水流、风浪及船行波作用下,护面可能被冲刷,因此,还需验算防汛墙前沿护坡(底)抗冲刷稳定要求。

7.1.3 防汛墙地基设计所必须进行的常规物理力学性试验项目主要有标准贯入击数、静力触探、土粒比重、天然含水量、重度、孔隙比、饱和度、相对密度、界限含水量、颗粒分析、渗透系数、压缩系数、无侧限抗压强度及抗剪强度等,其中有的项目是必须要做的,有的项目可根据具体情况而定。填料土的物理力学性试验指标应有由击实试验求得的最大干重度和最优含水量以及天然含水量、天然重度和最大干重度条件下的抗剪强度等指标,必要时还应有压缩系数、渗透系数等指标。

防汛墙稳定计算成果受地基土抗剪强度指标影响大,需谨慎选取。根据现行国家标准《水利水电工程地质勘察规范》GB 50487:土的抗剪强度标准值可采用直剪试验峰值强度标准值;当采用总应力进行稳定分析时,三轴压缩试验测定的抗剪强度宜采用试验平均值。根据现行上海市工程建设规范《岩土工程勘察规范》DGJ 08-37:抗剪强度指标当变异系数大于30%时,宜剔除大值,取小值平均确定计算值。因此,本标准土的抗剪强度指标宜采用小值平均值。

7.1.5 对于重要结构,为确保工程安全,宜采用有限元法进行复核。结构复杂的防汛墙,属于空间受力状态,采用常规公式计算结果误差可能较大,如果不按照空间问题求解,则有可能出现整体不能维持稳定状态的现象,所以宜采用空间有限元的方法复核。

根据需要,在防汛墙后建有房屋等建筑物,建筑物采用独立基础、条形基础或桩基础,上部传递来的荷载通过土体对防汛墙有一定作用,且作用分布复杂,需进行专门研究,确定合理的传力大小。

地铁隧道、管线等穿过防汛墙时,由于土体变化对防汛墙稳定与沉降影响较大且复杂,目前采用较多的为门跨式结构,为三维受力结构,传力路径与常规防汛墙略有不同,防汛墙底板为支撑在两端桩基上的梁板,顺河向与垂直河向均有弯矩,受力复杂,需进行专门研究。

7.2 荷载分类及组合

7.2.1 作用在防汛墙上的荷载,按作用条件和出现概率分为基本(设计)荷载和特殊(地震)荷载两类。漂浮物撞击等其他出现机会较少的特殊荷载,根据防汛墙工程实际情况确定。

7.2.2 本条说明荷载的计算方法。

1 上海市防汛墙结构使用的建筑材料,主要为土、浆砌块石、混凝土或钢筋混凝土。建筑材料的平均重度可经实测确定,也可按现行行业标准《水工建筑物荷载设计规范》SL 744 的规定取值。

2 无车辆及人群荷载的防汛墙后超载一般按 5kPa 计。防汛墙后影响范围内作用有车辆、人群等附加荷载时应计入,对于防汛墙稳定可按现行交通行业标准的有关规定,根据道路级别将车辆和人群荷载换算成作用在填土面上的均布荷载计算。施工期车辆荷载按实际情况确定。

对于防汛墙后建有结构及荷载分布复杂的房屋等建筑物,因其荷载通过基础、桩基及土体对防汛墙作用分布复杂,宜作专门分析研究。

3 作用在防汛墙上的侧压力主要有水压力和土压力,一般有水土合算与水土分算两种方法。由于水土合算法需有一定经验,而水土分算简单明白,故本标准采用水土分算法计算防汛墙侧压力。

4 无论是重力式、悬臂式还是扶壁式防汛墙,由于墙后填土及地下水压力作用,防汛墙往往产生离开填土方向的移动和转动,其位移量足以达到形成主动土压力的数量级,故按主动土压力计算。

为提高防汛墙的稳定性及地基承载力,防汛墙基础设一定埋深,为使防汛墙设计经济合理,可适当考虑墙前土体对防汛墙的抗滑作用。防汛墙前底板底高程以上土体断面一般为三角形或梯形,墙前土体在防汛墙推动作用下会发生剪切破坏,墙前土压力应不大于发生剪切滑移土重与土摩擦系数乘积。

被动土压力要求位移量达到防汛墙高的 2%～5%,这样大的位移一般工程不允许,被动土压力需折减。土的内摩擦角与位移量不同,被动土压力折减系数差别较大,根据相关研究,折减系数与内摩擦角及位移量关系见图 3(图中 s_a 为达到主动土压力的位移量)。上海地区墙后填土内摩擦角一般为 $25°\sim30°$,因此被动土压力折减系数可取 $0.2\sim0.3$。

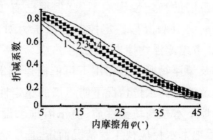

$1-s_a;2-2s_a;3-3s_a;4-4s_a;5-5s_a$

图 3 被动土压力的折减系数与内摩擦角 ϕ 和位移量关系图

5 风浪力对防汛墙向临水侧滑动稳定一般是有利的,因此,也可以不进行计算。对于遇到需要计算防汛墙向背水侧上所承受的风压力及浪压力时,可参照现行行业标准《水工建筑物荷载设计规范》SL 744 等标准的有关规定进行计算。

6 根据国家标准《中国地震动参数区划图》GB 18306－2015,上海市各区基本地震动峰值加速度为 $0.1g$。根据上海市工程建设规范《建筑抗震设计规程》DGJ 08－9－2013,上海地区多遇地震和设防烈度地震时,Ⅲ类场地的设计特征周期取为 $0.65s$,Ⅳ类场地的设计特征周期取为 $0.9s$,罕遇地震时,Ⅲ、Ⅳ类场地的设计特征周期都取为 $1.1s$。防汛墙一般仅考虑水平向地震力,对于特殊大跨度(如跨隧道管线处)防汛墙,需考虑竖向地震力。

7.2.3 防汛墙在施工及运行过程中,大部分荷载的大小和分布情况是随机变化的,因此应该根据防汛墙环境条件及荷载机遇情况进行荷载组合。荷载组合原则:考虑各种可能出现的荷载,将实际可能同时出现的各种荷载进行最不利组合,由于水压力与渗透力对防汛墙稳定影响大,故将水位作为荷载组合条件。

考虑到上海地区为平原感潮河流,高潮位时部分河道水位较墙后地面高,根据《上海市黄浦江防汛墙设计技术规定》及现状情况,河道存在一定漂浮物,漂浮物撞击作用主要影响防汛墙向岸侧滑移的稳定性,对河道水位较墙后地面高程高的防汛墙稳定有一定影响。由于岸侧填土反作用力能抵挡较大的水平作用,撞击力对一般的防汛墙的稳定性影响不大(根据已有工程经验,防汛墙稳定一般由向河道侧滑移稳定控制),撞击力对防汛墙造价影响小,故本标准考虑漂浮物撞击作用。

在水压力及漂浮物撞击等作用下可能向岸侧滑移,因此需验算设计高水位及地震高水位情况下防汛墙的稳定性。

防汛墙后地下水位与填土性质、防汛墙排水设施及墙前水位有关,因此墙后地下水位应视工程情况而定,选取合适地下水位。

上海地区黄浦江、苏州河及蕰藻浜等河道防汛墙兼做码头与装卸区,防汛墙需考虑船舶撞击力、系缆力等,因此该类防汛墙稳定需按照现行的港口码头规范进行。

上海地区排涝水(涵)闸与沿海挡潮水(涵)闸,外侧低水位可能较内侧区域河道低水位低,水(涵)闸趁外侧低水(潮)排水,闸内侧河道水位跌落,部分河段可能较该片区规划低水位还低,为确保闸前防汛墙的稳定,设计时需考虑闸内河道水位的跌落影响。

7.3 渗流及渗透稳定计算

7.3.2 防汛墙渗透不能满足稳定要求时,需结合结构形式、整体稳定计算情况采取相应的防渗排水措施,如设置降低防汛墙后地下水位的排水孔,设置延长渗径长度的垂直或水平防渗体,设置反滤层等。

7.3.3 黄浦江及苏州河等属于平原感潮河流,低潮位时河道水位较地下水位低,高潮位可能较墙后地面高程高,因此需考虑双向渗透稳定。

防汛墙后一定距离范围内可能存在内河,该情况下防汛墙背水侧取内河相应水位,防汛墙后无内河时,墙后无水,可取相应地下水位。

7.4　防汛墙稳定计算

7.4.1　上海地区防汛墙地基一般为土质,要求在各种计算情况下(一般控制在完建情况下),防汛墙平均基底应力设计值不大于地基承载力设计值,最大基底应力设计值不大于地基承载力设计值的1.2倍。这一规定与现行上海市工程建设规范《地基基础设计标准》DGJ 08—11 等的有关规定是一致的。对于上海地区修建在软土地基上的防汛墙要满足上述要求往往比较困难,需要通过减轻结构重量、调整结构重心或对地基进行人工处理才能达到。

基底应力最大值与最小值之比的允许值的规定,主要是防止结构产生过大的不均匀沉降及可能的倾覆破坏。因此,对于人工加固的深基础,可不受表4.3.4 的规定限制。

7.4.2　空箱式或沉井式防汛墙往往兼作其他用途,空箱或沉井埋置较深且内部不能填土或进水,防汛墙在较大扬压力的作用下有可能上浮。因此,对于空箱式或沉井式防汛墙应进行抗浮稳定安全性的验算。

7.4.4　板桩式防汛墙因其特定的结构形式,稳定计算有别于其他形式的防汛墙。无锚碇墙的板桩式防汛墙依靠板桩入土部分维持稳定,因此,稳定计算应包括板桩入土深度验算。

7.5　整体稳定计算

7.5.1　由于防汛墙底板以下的土质地基和墙后回填土两部分连在一起,其稳定计算的边界条件比较复杂,一般属于深层抗滑稳定问题。因此,对于防汛墙的地基,整体稳定可采用瑞典圆弧滑动法或简化毕肖普法计算。又由于软弱土层抗剪强度低,在水平向荷载作用下,有可能产生沿软弱土层的滑动,因此,当土质地基持力层内夹有软弱土层时,还应采用改良圆弧法对软弱土层进行整体稳定验算。

7.5.3 防汛墙采用桩基处理,根据已建工程,顺河向桩基间距基本不超过5倍桩径,通过土拱效用,桩基对整体滑移起一定抗滑作用,现行上海市工程建设规范《地基基础设计标准》DGJ 08－11考虑不超过总抗滑力的10%。排桩抗滑桩由于两侧不平衡土压力作用,桩身存在剪力和弯矩,需验算桩的强度,避免桩身破坏。滑动面以上的桩身内力,应根据滑坡推力和桩前滑体抗力计算,滑动面以下的桩身内力,应根据滑动面处的弯矩和剪力及地基的弹性抗力按弹性地基梁进行计算。

7.6 沉降计算

7.6.1 本条规定是指在一般条件下防汛墙需要进行地基沉降计算的情况。当地基持力层或下卧层有软弱夹层时,容易引起防汛墙的较大沉降影响使用功能;当防汛墙的基底应力接近地基允许承载力时,由于防汛墙前后基底应力的不均匀,容易引起墙体前后的不均匀沉降致使防汛墙倾斜;此外,由于防汛墙的基底应力与相邻建筑物的基底应力有较大的差异,较大的沉降差易造成止水损坏,甚至造成水工建筑物整个防渗体系的破坏而失事。因此,进行地基沉降计算以控制沉降差,是十分必要的。

7.6.2 目前我国水工建筑物的地基沉降计算多数是采用分层总和法,计算时需查用由土工试验提供的压缩曲线(如 $e \sim P$ 压缩曲线或 $e \sim P$ 回弹再压缩曲线)。

7.6.5 由于防汛墙的结构刚度很大,对地基沉降的适应性较强,根据工程实践经验,在不危及防汛墙结构安全和影响其正常使用的条件下,一般认为最大沉降量达 100mm～150mm 是允许的。但沉降量过大,往往会引起较大的沉降差,对防汛墙结构安全和正常使用是不利的。至于最大沉降差的允许值,一般认为最大达 30mm～50mm 是允许的。因此,本标准规定,土质地基上的防汛墙,如采用天然地基,其最大沉降量不宜超过 150mm,最大沉降差不宜超过 50mm。应该说明的是,对于控制相邻建筑物的沉降差,与止水结构有很大关系。本标准规定的最大沉降差,是依据采用金属止水片(如紫铜片止水)时的控制值,因为金属的水平止水的设计上允许有 50mm 的沉降差而不至于拉开。如果采用橡胶或塑料的止水结构,则不能适应这么大的沉降变形,这时,应根据止水材料的允许变形来控制沉降变形量。

7.7 桩基计算

7.7.2、7.7.3 考虑到上海地区为软土地基,且防汛墙桩基配筋率相对较高,一般情况下桩结构自身不会破坏,首先破坏的是桩侧土体塑性变形而导致桩基承载力降低,因此防汛墙桩基泥面处水平位移不宜大于 10mm。桩基上部挡墙有一定高度,且桩基在水平荷载作用下,桩顶及墙身有一定倾角,根据黄浦江及苏州河防汛墙设计经验,桩基泥面处水平位移 10mm 时,墙顶位移可达 25mm 左右,为避免止水带拉裂,墙顶位移控制基本合适。另一方面,防汛墙桩基主要承受竖向荷载,桩顶位移过大,竖向荷载对桩身会产生附加弯矩,增加桩身弯矩,可能导致桩基结构破坏,因此需限制桩基水平位移。

内力常用的计算方法有 k 法、c 法及 m 法。考虑到 m 法与软土地基条件及位移控制相符,偏差较小,且有现成的系数表格及计算软件,故采用 m 法。根据已有工程设计经验,桩基相对刚度 α_h 一般大于 2.5,属于弹性桩基,采用 m 法高承台弹性桩基模型计算。

7.7.4 确定单桩竖向极限承载力最主要的方法是桩的静载荷试验,但静载荷试验费用高,一般小型工程试验条件不成熟,故设计时采用经验参数预估单桩极限承载力,在上海地区有比较丰富经验。

8 穿、跨、沿建(构)筑物

8.1 一般规定

8.1.1 修建与防汛墙交叉、连接的各类建(构)筑物,直接涉及防汛墙及防洪保护对象的防洪安全。根据《中华人民共和国水法》《中华人民共和国防洪法》有关规定,修建与防汛墙交叉、连接的各类建(构)筑物,应进行洪水影响评价,并报有关水行政主管部门审批。

8.1.2 建(构)筑物穿过防汛墙必将增加防汛墙的不安全因素,故应尽量避免穿防汛墙形式而选用上部跨越或下部穿越的形式。当有穿防汛墙需要时,则应尽量减少穿防汛墙建(构)筑物的数量,有条件的采取合并、扩建的办法处理,对于影响防洪安全的应废弃或重建。

8.1.3 各类穿、跨、沿建(构)筑物均有相应的保护要求,结合穿、跨、沿建(构)筑物建设,对其投影范围及保护范围内的防汛墙按规划要求实施,有利于减小后期防汛墙加固改造对穿、跨、沿建(构)筑物的影响。

8.1.4 随着城市建设的高速发展,城市地下穿河设施和地上跨河设施种类和数量越来越多,情况也越来越复杂,这给防汛墙工程建设提出了新的难题,防汛墙工程新建改建过程中如何处理好已有穿、跨、沿建(构)筑物的保护问题已经成为不可回避的难题。

8.2 穿防汛墙建(构)筑物

8.2.1 穿防汛墙建(构)筑物设置不应影响防洪封闭要求。当穿防汛墙建(构)筑物底部高程低于设防高程时,如不设置快速启闭闸门或阀门,其防洪岸线将延伸至墙后腹地,不利于防汛管理,易形成防汛安全隐患。

8.2.6 在已有各类穿防汛墙建(构)筑物岸段进行防汛墙工程新建或改造加固时,需考虑工程改建对已有穿防汛墙建(构)筑物的影响,一般可采用灌注桩、钢板桩等非挤土或弱挤土性桩基形式,钢板桩应采用静压施工。

苏州河市区段防汛墙加固改造工程遇到现状穿河建(构)筑物时采取门洞式加固改造结构。对于重要隧道及管道,地基加固体与其顶部及两侧的净距按不小于 3m 控制;对于其他穿堤建(构)筑物,地基加固体与其顶部及两侧的净距按不小于 2m 控制。根据实际工程经验,采取上述保护措施,可确保穿河建(构)筑物的安全。

上海市轨道交通 11 号线隆德路站—江苏路站区间隧道穿越苏州河,苏州河南岸处隧道顶高程约−10.0m,上行隧道和下行隧道之间净距约 5.0m。根据苏州河下游段防汛墙稳定计算,要求隧道穿越段防汛墙桩基长度为 13m,桩底高程需达到−10.4m,防汛墙桩基底将侵入隧道内,需对隧道穿越段防汛墙进行专项保护设计。

隧道穿越范围采用"门洞式"结构形式进行保护,在盾构两侧一定范围设置长桩,在盾构上部设置不影响穿越的短桩进行基础补强,通过刚度较大的底板将防汛墙基础的长短桩连成一体,共同承担外荷载。防汛墙桩基采用非挤土非振动的钻孔灌注桩,将桩基实施过程中对隧道的影响降到最低限度。隧道顶与防汛墙基础桩桩底距离控制≥3m,门洞边侧桩基与隧道净距控制≥3m,并沉入隧道底部以下 5m。考虑到墙体需跨越隧道,受隧道断面尺寸的限制,盾构两侧防汛墙补强长桩之间的跨度达到 30m 以上,为了提高墙体结构刚度,将上部挡墙结构做成 U 形槽结构,同时适当加大防汛墙底板的厚度。隧道保护段方案详见图 4～图 7。

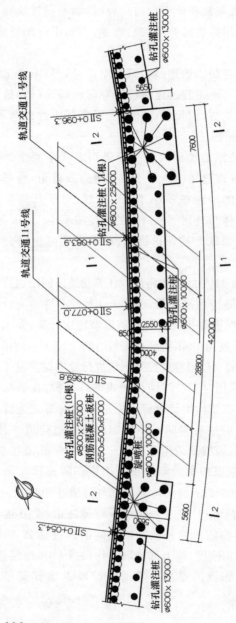

图 4 隧道保护段桩位布置平面图

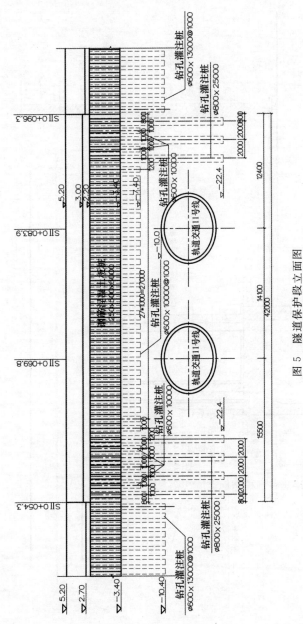

图 5　隧道保护段立面图

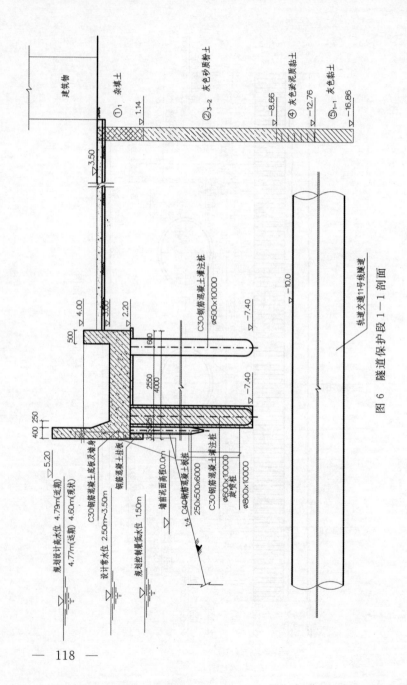

图 6 隧道保护段 1—1 剖面

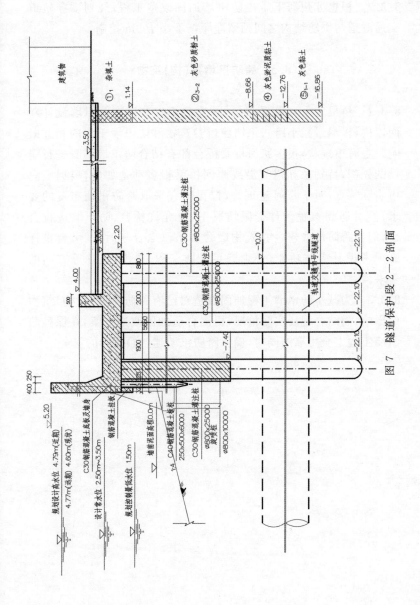

图 7 隧道保护段 2—2 剖面

8.2.7 根据苏州河下游段防汛墙加固改造工程,规划下穿轨道交通隧道与堤防结构之间预留净距按不小于 3m 控制。

8.3 跨防汛墙建(构)筑物

8.3.1 桥梁宜采取跨堤布置,其支墩不宜布置在防汛墙设计断面以内,以尽量减小跨防汛墙建(构)筑物和防汛墙工程的相互影响。上海市现状,很多跨河桥梁桥台都有结合防汛墙墙身进行建设的先例,特别像苏州河沿线跨河桥梁很多都是如此,根据上海市实际特点,对于跨河建筑物,拟提出宜采取跨防汛墙布置的要求,但对遇到布置条件受限情况下,也允许桥台、防汛墙进行合建,但当跨防汛墙建(构)筑物墩台和防汛墙合建时,其墩台设计必须考虑其堤防功能,必须满足设防高程、防渗、抗冲等方面的要求。

8.3.3 为减小防汛墙工程加固改造对已有跨防汛墙建(构)筑物的影响,需结合现场实际情况,提出合适加固改造方案,在保障防汛墙工程安全可靠的同时,确保跨防汛墙建(构)筑物的安全。

9 配套及附属设施

9.1 一般规定

9.1.3 黄浦江、苏州河重要节点的公众参与设施如遮蔽设施、照明、座椅、垃圾箱、标识、公共艺术、户外广告、公共建筑等元素的设计要求可参照《黄浦江两岸地区公共空间建设设计导则》。

9.2 配套设施

9.2.1 本标准中的潮闸门一般泛指建在防汛墙上排水管口的小型可控闸门,一般有两种类型:一种是当外潮较低时,雨水能自流排放,当外潮位较高时会自行关闭的拍门俗称潮门;另一种是由人工或电力开启或关闭的管道闸门。

常见拍门定型化规格见表 3。

表 3　拍门定型化规格(单位:mm)

型号规格	$\phi300$	$\phi450$	$\phi600$	$\phi800$

9.2.2 3 级及以下防汛墙,周边 250m 范围内有机动车道的,陆域控制带内可不设置防汛通道,但机动车道与防汛墙之间应有连接道路,确保防汛抢险车辆的通行。

防汛墙设计中应注意人流的安全,特别是黄浦江以及苏州河市区段防汛墙更应重点考虑。需关注各级防汛墙高出地面部分以及临水的亲水平台外缘等部位,应满足相关规范要求。

9.3 附属设施

9.3.1 防汛墙顶与地面的高差不满足现行国家标准《民用建筑设计通则》GB 50352、《公园设计规范》GB 51192 等规范要求的临水侧防汛墙以及临水的亲水平台外缘,应根据安全需要设置防护栏杆。

10 景观绿化

10.1 一般规定

10.1.2 安全性注重人群活动安全;美观性注重视觉形象的塑造;亲水性注重人水关系的和谐;生态性注重生态系统的构建;特色性突出区域景观特色,注重历史文化的延伸。

10.2 景 观

10.2.2 根据特殊需要超出现有临水驳岸的亲水设施,宜采用浮式或架空式结构,其外缘不得超越规划码头前沿线。

亲水平台设计高程应结合景观设计要求确定,最低一级平台高程应高于警戒水位 50cm 以上,通航河道的亲水平台顶高程应满足航道部门的要求。黄浦江亲水平台顶高程宜不低于表 4 中数值,苏州河亲水平台顶高程宜不低于表 5 中数值,一般河道为常水位+0.5m。

表4 黄浦江亲水平台顶高程

序号	起讫地段	平台顶高程(m)
1	吴淞	5.30
2	黄浦公园	5.05
3	米市渡	4.0

表 5   苏州河亲水平台顶高程

序号	起讫地段	平台顶高程(m)
1	河口—浙江路桥	4.20
2	浙江路桥—长寿路桥	3.80
3	长寿路—外环线	3.50

　　亲水设施临水侧安全防护栏杆高度不低于 1.1m；栈桥净宽度不宜小于 1.5m。

10.2.3　陆域景观设施的布置要满足防汛通行的要求，以不影响防汛抢险为宜。同时微地形的塑造应满足抢险车辆的顺利通行。

10.2.4　在不降低防洪高程，不破坏结构稳定安全的前提下，可将防汛墙改造成种植槽和种植平台等形式，配置藤本植物或垂挂植物，以柔化防汛墙的硬质结构。

　　立面处理方法有化妆模板、彩绘、装饰挂板、砌块等，但需将装饰挂板、砌块与防汛墙进行可靠连接，确保安全性、耐久性和可维护性。

10.3 绿 化

10.3.1　防汛墙前后及防汛道路周边不宜种植根系发达的大型乔木，防止树木根系对防汛墙稳定安全产生影响。树干外缘距地下管线外缘的水平距离不宜小于 1.0m，距电杆、消防设备等水平距离不小于 1.5m。

10.3.3　本土植物种类为上海常见的植物或参照现行国家建筑标准设计图集《环境景观——绿化种植设计图集》03J012－2。

11 施工组织设计

11.2 施工导流

11.2.3 防汛墙工程建设一般可采用墙前布置沿河施工围堰、墙后布置临时防汛墙的导流方式,特殊情况下如墙后无布置临时防汛墙的施工场地条件时,施工围堰可兼作临时防汛墙,但此时施工围堰的各项安全指标必须符合临时防汛墙的要求。

11.2.4 对于黄浦江、苏州河等本市骨干河道防汛墙,其施工围堰宜采用钢板桩结构围堰。

11.2.5 现行行业标准《水利水电工程等级划分及洪水标准》SL 252、《水利水电工程施工组织设计规范》SL 303 等规范对临时建筑物的设计标准均有相应的规定要求,本市对黄浦江、苏州河等骨干河道临时防汛墙的设防标准另有相关规定。1990 年 12 月 29 日,上海市防汛指挥部办公室颁布了《非汛期上海市防汛墙(堤)设计几点规定》:指出市区非汛期临时防汛墙(堤)的设计水位,2003 年的《上海市黄浦江防汛墙维修养护技术和管理暂行规定》、2010 年的《黄浦江防汛墙工程设计技术规定(试行)》均沿用了 1990 年的规定。2014－2016 年上海市防汛指挥部办公室组织相关单位对黄浦江、苏州河非汛期水位分析与防汛墙开缺施工期间临时防汛墙(堤)的标准进行了专题研究,并于 2017 年 1 月以沪汛部〔2017〕1 号文颁布了《上海市防汛指挥部关于修订调整黄浦江防汛墙墙顶标高分界及补充完善黄浦江、苏州河非汛期临时防汛墙设计规定的通知》,对黄浦江市区段、黄浦江上游段一线防汛墙(堤)和苏州河沿线防汛墙开缺施工期间临时防汛墙的标准、级别和设防水位进行了修订。汛期临时防汛墙的墙顶高程、设计高水位、设计工况与两侧现状防汛墙一致;非汛期(不含10月)黄浦江市区段设计防御水位采用非汛期200年一遇高潮位,黄浦江上游段和苏州河采用非汛期50年一遇高潮位,临时防汛墙墙顶高程见本标准附录A。

对于各水利分片内防汛墙破墙施工,可根据需要设置临时防汛墙。各水利分片内汛期施工时布置的临时防汛墙的墙顶高程、设计高水位、设计工况与两侧现状防汛墙一致,非汛期施工时布置的临时防汛墙设防标准可适当降低。

11.3 主体工程施工

11.3.2 现行行业标准《堤防工程施工规范》SL 260就土方、石方、混凝土、反滤、排水结构等施工技术要求均有规定,现行上海市工程建设规范《地基基础设计标准》DGJ 08－11就地基基础的工程施工要点有相应规定,可参照执行。

11.4 施工总布置

11.4.4 本市混凝土、预制结构、部分石料等建筑材料一般均从社会化的加工生产厂家采购,因此,防汛墙工程施工场地附近需要布置的加工厂较少,主要布置少量的建筑材料堆场及钢筋、模板加工厂等。施工现场的建筑材料临时堆场、加工厂等施工占地面积一般可按施工经验估算。

11.6 施工监测

11.6.1 施工监测要求应根据可能被影响对象的特性确定研究,一般包括监测范围、种类、数量、频次、报警值等内容;防汛墙工程施工期间防汛墙的监测频率一般每天1次,当沉降超过每天2mm

或水平位移超过每天 2mm 或累计沉降超过 10mm 或累计水平位移超过 10mm 时应报警;防汛墙基坑监测项目、监测频率、报警值等参照现行上海市工程建设规范《基坑工程技术标准》DG/TJ 08-61执行,轨道交通设施、隧道、城市生命线工程、优秀历史建筑、有特殊使用要求的仪器设备厂房、市政管线等的监测要求,应按相关管理部门的要求确定。

12 工程管理

12.1 一般规定

12.1.1 随着信息化的发展,堤防管理也借助信息化提高管理水平,故本条文在现行行业标准《堤防工程管理设计》SL 171 的基础上,加上信息化管理。

12.1.2 在以前的防汛墙工程中,很少考虑工程管理设施的建设费用,如防汛墙运行管理用房等。

12.2 工程管理范围及保护范围

12.2.2 对于一墙到顶的防汛墙,由于无坡脚线,根据上海市相关规定,把防汛墙墙前 5m 水域纳入管理范围。

12.2.3 近年来,上海市河道防汛墙管理范围外,因不合理堆载引起的崩塌事故频发,也引发水管部门的高度关注和焦虑,在防汛墙管理范围外合理设置保护范围变得更加必要。

但由于现行的防汛墙管理办法如《上海市黄浦江防汛墙保护办法》规定:"黄浦江防汛墙保护范围,是指黄浦江干流浦西吴淞口至西河泾、浦东吴淞口至千步泾和支流各河至第一座水闸之间的防汛墙及其外墙墙体外缘水域侧 5m、陆域侧 10m 范围内的全部区域",黄浦江作为一级防汛墙,管理及保护范围也只有 10m,其他防汛墙管理范围一般也只有 6m。防汛墙管理单位管理权限只在 6m 范围内,对于 6m 以外近岸堆载没有管理权和审批权,对于管理区外的不合理行为无能为力。因此,在管理范围外设置保护范围是必要的,也是紧迫的。防汛墙的保护范围建议为:1 级防汛墙管理线外 50m 范围内,2 级 30m,3 级及以下 20m。

12.2.4 除一般的危害行为外,本条文把《上海市河道管理条例》中有关危害防汛墙的行为加入进来。

12.3 防汛墙运行管理

12.3.1～12.3.5 防汛墙运行管理是确保防汛安全的重要环节,本条文对防汛墙管理内容从巡查、维修养护、设施保洁等方面提出要求,管理人员应在巡查后建立防汛墙工程巡查日志。

12.3.6 随着防汛墙工程建设,管理机构和人员相应增加,就需要增加必要的生产管理和生活设施。一些重要的防汛墙由于远离市区、长度较长,在防汛墙沿线设置管理养护用房是必要的,可用于人员临时休息、养护设备设施的存放等。

13 安全监测

13.0.1～13.0.2 防汛墙安全监测设计是监测防汛墙运行期安全、检验与完善设计的重要手段。一旦发现不安全现象,可及时分析原因和采取防护措施,从而保证工程的安全运行。同时,可通过监测资料的积累,验证设计的合理性,以提高设计水平。

这两条要求防汛墙应根据需要设置必要的安全监测项目和监测设计的具体内容。

监测方法一般有人工监测和自动化监测两种,对于有条件的地方,尽可能采用自动化监测,以求及时、省力、快捷、准确。

13.0.4～13.0.5 监测项目包括一般性监测和专门性监测,防汛墙工程均需根据运行管理需要设置一些或全部一般性监测项目。专门性监测项目可根据防汛墙等级及高度、特殊需要,选择性设置。

13.0.7 针对防汛墙设计监测项目,设计人员应根据设计工况提出防汛墙监测报警值,在工程运行管理过程中,管理人员可通过观测值与报警值的关系,及时发现可能存在的隐患和问题,避免小问题未发现和处理最终造成大事故的情况。

对于自动监测的项目,根据需要监测频次可高一些,人工观测项目,监测频次可少一些。

附录 B 地基水平抗力系数随深度的比例系数 m

　　本附录中地基水平抗力系数随深度的比例系数 m 计算方法及取值分别摘自现行行业标准《公路桥涵地基与基础设计规范》JTG D63 及现行上海市工程建设规范《地基基础设计标准》DGJ 08—11。

附录 C 按 m 法计算弹性桩水平位移及作用效应

　　本附录中按 m 法计算弹性桩水平位移及作用效应计算方法摘自现行行业标准《公路桥涵地基与基础设计规范》JTG D63。